KB270935

유아·아동·청소년기 어린이 건강 메뉴

아이를 사로잡는 151가지 안심 밥상

Contents

바른 입맛을 위한 유아기 밥상

3세~ 6세

유아기는 신체 성장 발육의 중요한 시기. 유아기에는 올바른 식습관을 기르는 것이 무엇보다 중요하다. 유아의 식사를 계획할 때는 연령별로 각 식품군의 1일 섭취 횟수와 1회 분량을 고려하여 균형적인 식사를 할 수 있게 한다.

균형 잡힌 영양을 위한 아동기 밥상

7세~ 12세

7세부터 사춘기 변화가 시작될 때까지를 말하는 아동기. 아동기에는 성장과 건강을 위해 다양한 식품 선택과 균형 잡힌 영양소와 섭취가 필수. 충분한 열량과 동물성 단백질 및 칼슘을 섭취할 수 있게 해야 한다. 또 아동기 후반에는 빈혈 방지를 위해 철 함유 식품을 충분히 공급하는 것이 좋다.

학습 능력 향상을 위한
청소년기 밥상

13세~ 18세

아동기에서 성인기로 전환되는 과도기. 아동기에 비해 성장이 가속화되는 시기로 성장 속도에 맞추기 위해서는 충분한 영양소의 공급이 무엇보다 중요하다. 이 시기의 영양 상태가 장래의 신체 발달과 건강에 큰 영양을 미친다는 것을 잊지 말아야 할 것이다.

『아이를 사로잡는 151가지 안심 밥상』은 식품의약품안전청에서 연구·개발한 「우리 아이에게 주고 싶은 연령별 건강메뉴 151」로 만들었습니다.

식품의약품안전청은 '안전한 식품, 바른 영양, 건강한 어린이'라는 비전 하에 '어린이 먹을거리 안전 종합 계획안'을 발표, 어린이의 건강한 식생활 환경 개선 및 올바른 식생활 실천을 위해 노력하고 있습니다.

'어린이 먹을거리 안전 관리'의 일환으로 연구·개발한 어린이 건강메뉴는 연령별 특성 및 식생활 양상을 고려, 아이들 기호에 맞으면서 균형잡힌 영양을 섭취할 수 있게 유아기, 아동기, 청소년기로 메뉴를 구분했어요.

또 아이들이 싫어하지만 영양 풍부한 식품을 맛있게 먹게 하는 조리 비법도 담겨 있습니다.

식품의약품안전청에서 개발한 어린이 건강메뉴로 만든 『아이를 사로잡는 151가지 안심 밥상』으로 어린이 먹을거리가 없어 고민인 요즘, 안심하고 건강하게 키우세요.

아이 안심 밥상 비법

매일같이 우리 아이에게 뭘 먹여야 할지 고민하는 엄마. 아이 밥상 비법만 있으면 이와 같은 고민쯤은 손쉽게 해결할 수 있다. 이 책에서 제안하는 아이 밥상 비법의 기본은 1주 혹은 2주 단위로 작성하는 식단표. 아이들 성장에 맞게 1주 혹은 2주 식단표를 작성해두면 영양을 골고루 섭취할 수 있게 도와주는 것은 물론 엄마들의 매일 밥상 고민을 해결해 준다. 아이 건강 밥상 비법을 소개한다.

1 아이 안심 밥상, 어떻게 차릴까?

우선 1일 영양소량과 한 끼에 얼마나 줘야 하는지를 결정하고 열량에 맞게 식품을 선택한다. 그 다음 식품의 종류와 양을 상세하게 정하고 주기를 결정한다. 이때 1주, 2주 주기 식단이 적당하다. 그 다음으로 식단을 작성한다. 식단을 작성할 때 주식과 부식은 아이의 기호나 조리법을 생각하여 선택한다. 우선 주식이 밥, 빵 혹은 일품요리인지를 결정한 후, 밥이면 잡곡밥인지 흰밥인지를 결정한다. 밥으로 결정되면 다음 순서로 국이나 찌개를 어떤 재료로 어떤 조리법을 이용할 것인지를 결정하는데 국이나 찌개는 150kcal 전후가 적당하다. 식단 작성이 끝난 다음 반드시 음식의 전체적인 조화를 살펴본다. 음식의 온도, 색 등 미각, 시각적인 부분도 반드시 고려한다. 작성된 식단표에서 다음의 사항을 자세히 검토해 보아야 한다

- 식단을 정할 때 주식과 부식이 중복되지 않도록 한다.
- 다섯 가지 기초 식품군이 골고루 사용되었는지 검토한다.
- 식품의 구입 가능성과 가격, 계절 식품 등이 적당하게 사용되었는지 검토한다.
- 색, 맛, 질감, 형태, 조리법, 온도 등이 조화로운지 검토한다.
- 특정 식품이나 조리법이 너무 자주 사용되지 않도록 한다.

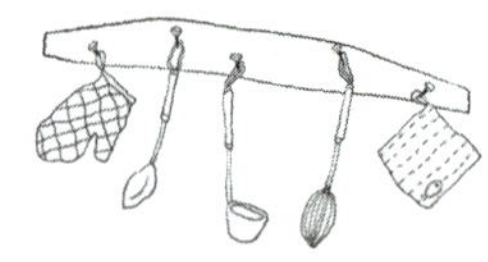

2 우리 아이가 좋아하는 음식과 싫어하는 음식

아이는 약간 싫은 음식이라도 적은 양은 먹으며, 같은 식품이라도 조리법 여하에 따라 먹을 때도 있고 거부할 때도 있다. 그러나 음식을 싫고 좋아하는 것은 아이뿐만 아니라 성인에게도 있을 수 있으므로 지나치게 걱정을 하거나 먹을 것을 강요해서는 안 된다.

아이가 좋아하는 식품

일반적으로 달걀, 향이 첨가된 우유, 요구르트, 육류, 사과, 귤 등이다. 육류는 소시지나 햄버거 등을 좋아한다. 많은 아이들이 돼지고기를 싫어하지만 돼지고기를 원료로 해서 만든 햄, 소시지, 핫도그 등을 좋아하고, 돼지고기가 든 자장면, 탕수육을 좋아한다. 치즈를 별로 좋아하지 않아도 피자를 좋아하는 아이는 많다.

아이가 싫어하는 식품

아이들은 냄새가 강한 채소, 매운 음식, 짠 음식을 싫어한다. 그리고 미나리, 파, 쑥갓, 당근 등을 싫어하며 고추, 겨자 등이 많이 든 음식을 싫어한다. 가시가 많거나 비린 냄새가 심한 생선도 싫어한다.

유아의 기호를 고려하여 조리하도록 한다

일반적으로 싱겁고 부드러운 것, 향기가 강하지 않는 것을 좋아한다. 단단하고 혀에 닿는 감촉이 나쁜 것을 싫어한다. 채소와 기타 싫어하는 식품의 경우 갈고 으깨어 다른 식품과 섞어서 주거나 튀기는 등 좋아하는 조리법으로 바꾸어 보는 것도 좋다. 주식의 경우 쌀밥 그대로 먹는 것보다 여러 가지 재료를 혼합한 형태인 김밥, 볶음밥, 덮밥, 자장밥, 고구마밥 등의 일품음식을 좋아한다. 또한 빵 따로 채소 따로 먹는 것보다 햄버거나 샌드위치 스타일을 좋아한다. 생선이나 냄새가 강한 음식은 토마토케첩으로 맛을 내거나 카레가루 등을 써서 싫어하는 냄새를 제거토록 조리한다. 싱겁게 조리한 것에 익숙해지게 하여 성장 후 짜게 먹지 않도록 하는 것이 좋다.

식품재료의 크기

유아기는 유치에서 영구치가 새로 생기는 시기로 씹는 능력이 어른에 비해 뒤떨어지므로 식품은 작게 썰거나 칼집을 내어 되도록 먹기 쉽게 한다. 전, 튀김 등을 한 입에 넣을 수 있는 작은 크기로 만들어준다.

음식온도

일반적으로 아이는 너무 뜨겁거나 찬 음식보다는 실온 정도의 따스한 음식을 좋아한다. 또한 너무 뜨거운 국 등을 주는 경우 입안을 델 염려도 있으므로 주의해야 한다.

음식담기

아이들의 식욕은 음식 자체뿐만 아니라 그릇의 형태나 색깔, 음식을 담은 형태 등에 의해서도 좌우되므로 예쁜 그릇을 선택하고 음식을 담은 모양이나 색채에 대해서도 배려한다.

아이에게 부적당한 식품

설익은 과일은 좋지 않다. 설익은 과일에 포함된 탄닌 때문에 소화장애가 일어나기 쉽다. 또 기름기가 과다한 음식과 다량의 향신료나 조미료, 강한 향취를 지닌 채소도 피해야 한다. 소화기관을 자극하기 때문이다. 농축된 당이나 탄산음료는 식욕을 잃게 하므로 제한하는 것이 좋다.

이 식품구성탑에서 각층의 위치와 크기는 실제 식생활에서 차지하는 중요성을 나타내고 있다. 건강을 위해 식품구성탑의 각 층의 식품을 골고루 먹어야 한다. 우리 아이를 위해 식품구성탑의 식품들을 꼭 기억하자.

연령별 아이 건강 식습관 비법

아이 건강과 바른 식습관은 불가분의 관계. 따라서 건강한 아이로 키우기 위해서는 바른 식습관을 길들일 필요가 있다. 알아두면 좋은 유아기, 아동기, 청소년기 연령별 식습관 비법을 소개한다.

유아기

한끼 식사, 다양한 영양을 챙겨주세요

유아식을 시작하면 분유는 완전히 끊고 생우유나 두유를 하루에 500mL가 넘지 않게 간식으로 준다. 식사의 한끼 양은 아기 공기로 한 공기, 반찬 한 공기 정도가 적당하고 국과 반찬에는 조금씩 간을 한다. (엄마가 먹어봐서 아주 싱거울 정도로만)

인공조미료 대신 멸치, 다시마, 새우, 양배추, 양파 등을 넣어 끓인 물을 사용해야 한다. 밥과 반찬을 골고루 갖춰주며 꼭꼭 씹어 먹게 한다. 꼭꼭 씹어 먹는 습관을 들여야 소화가 잘되고 두뇌 발달에 도움이 되기 때문이다. 밥에 국을 말아주면 침 속의 소화효소가 묽어져 소화흡수가 잘 되지 않기 때문에 국은 따로 먹게 하자.

한끼 식사에는 각 식품군이 다양하게 포함되도록 한다. 우유 및 유제품, 곡류 및 전분류, 육류, 달걀, 생선, 과일, 채소 등을 골고루 섭취해야 한다. 유아기에는 단백질 1일 권장량의 2/3 정도를 동물성 단백질로 하고 나머지는 양질의 식물성 단백질로 구성한다. 우유, 치즈, 요구르트 등 유제품은 좋은 단백질 급원이 될 뿐만 아니라 칼슘이 풍부하여 소화흡수율도 높은 식품이므로 매일 먹이도록 한다.

지방과 콜레스테롤 섭취량을 너무 제한하면 에너지와 필수지방산이 부족하게 되므로 주의해야 한다.

한끼에 너무 많은 양의 음식을 먹이기보다는 세끼의 식사를 일정한 시간에 하면서 간식을 주는 것이 바람직하다. 또 아이들은 동일한 음식과 조리법에 쉽게 싫증을 느끼며 식욕부진, 편식 등의 영양문제가 생길 수 있으니 다양한 조리법을 개발하는 노력이 필요하다.

간식은 하루 에너지 필요량의 10~15%가 적당해요

유아는 하루 3끼의 식사만으로는 정상적인 성장과 발육에 필요한 에너지와 영양소를 충분히 공급받기 어려우므로 간식이 꼭 필요하다. 간식은 영양보충이 주된 목적이지만 유아의 기분전환과 피로회복, 즐거움과 정서를 풍부하게 하는 역할도 한다. 하루 간식의 양은 에너지 필요량의 10~15%가 적당하다.

유아기 전반인 2~3세에는 오전과 오후 2회, 유아 후반기에는 오후 1회가 좋고 다음 식사까지 2시간 정도의 간격을 두어 다음 식사량에 영향을 미치지 않도록 해야 한다. 간식의 내용은 세끼 식사에서 부족하기 쉬운 영양소를 중심으로 식품을 선택하여야 한다. 에너지, 단백질, 칼슘, 비타민 C, 수분 등 유아에게 필요한 영양소를 간식을 통해 보충해 주어야 한다. 간식으로는 감자, 고구마, 빵, 떡, 샌드위치, 쌀과자 등을 이용한다. 단백질, 칼슘 보충을 위해 우유 및 유제품, 달걀, 푸딩, 콩과자 등을 주고 수분과 비타민, 무기질 보충을 위해 과일과 채소 등을 이용한 음료나 주스, 신선한 생과일과 생채소 등을 주도록 한다. 사탕이나 과자류는 충치의 원인이 되기도 하고 다음 식사의 식욕을 저하시킬 수 있으므로 가급적 피하자.

아동기 · 하루 2잔 이상 우유를 챙겨주세요

우유는 하루에 2잔 이상 마시게 하자.

어린이에게는 건강한 뼈 성장을 위해 칼슘 섭취가 매우 중요하다. 특히 우유에는 양질의 단백질, 칼슘, 지방, 비타민, 무기질 등의 영양소가 골고루 들어 있고 우유 속의 영양소는 체내 흡수율도 우수하기 때문에 이 시기의 어린이에게 꼭 필요한 식품이다.

고기, 생선, 달걀, 콩제품을 골고루 먹이세요

고기, 생선, 달걀 및 콩제품을 매일 먹어야 에너지, 단백질, 지방 등의 영양소가 충분히 섭취된다. 이러한 식품에 많이 들어 있는 단백질은 성장을 돕고 질병을 이겨내기 위해 꼭 필요한 영양소이다.

간식으로 모자란 영양소를 보충해주세요

어린이에게 간식은 정규 식사에서 부족한 에너지와 영양을 보충하여 섭취할 수 있게 한다. 또한 정서적으로 만족감을 주는 역할을 한다. 간식은 하루 에너지 필요량의 10~15%의 양을 주는 것이 적당하다. 또한 다음 식사까지 2시간 정도의 간격이 있어야 한다. 간식으로는 에너지뿐만 아니라 단백질, 비타민, 무기질, 수분을 공급하는 식품이 좋다. 에너지를 함유한 음식은 비스킷, 쿠키, 샌드위치, 빵, 감자, 고구마, 떡, 쌀과자, 밀전병이 있다. 단백질과 칼슘을 함유한 음식은 우유, 유제품, 아이스크림, 요구르트, 치즈, 달걀, 푸딩, 콩과자 등이 있다. 비타민을 함유한 음식은 신선한 과일 및 주스, 오이, 당근 및 채소 등이 있다. 무엇보다 소화가 잘되는 식품이 좋다.

정상체중을 위해 다양한 영양을 골고루 챙겨주세요

건강을 위해 매우 중요한 일이다. 다양한 식품을 골고루 섭취함으로 균형 있는 발달과 정상적인 성장을 하도록 하자. 패스트푸드, 탄산음료 등은 다른 영양소에 비해 열량만 많이 공급하므로 비만해지기 쉽다.

즐거운 식사 환경을 만들어 주세요

이유기에 단맛이 있는 이유식을 먹거나 부모님의 영향 등 여러 가지 이유로 편식을 하는 아이들이 많다. 그러나 편식을 하게 되면 영양적으로 불균형하여 발육이나 영양상태가 뒤떨어지게 된다. 병에 대한 저항력도 떨어지고 신경질을 잘 내고 빈혈이나 변비가 생기기도 한다. 부모님의 적극적인 접근으로 편식을 하지 않도록 해야 한다. 편식을 고치기 위해서는 다음과 같은 방법이 있다. 우선 식사는 정해진 시간에 정해진 장소에서 하도록 한다. 식사 도중에는 책을 읽거나 놀지 않게 한다. 음식을 지나치게 권하지 말고 아이 스스로 식욕이 생기도록 잠시 여유를 주는 것이 좋다. 낯선 음식은 처음에 양을 적게 하여 맛을 경험하게 한다. 즐거운 식사 환경을 만들어 준다.

편식하는 아이를 위해 다양한 조리법을 이용하세요

고기를 싫어할 때는 아이가 고기를 골라낼 수 없도록 다져서 조리한다. 또한 고기냄새를 없애기 위해 초간장, 케첩 등을 얹어 먹도록 한다. 생선을 싫어할 때는 생선을 다져서 돈까스를 만들거나 카레가루를 묻혀서 튀기면 생선 냄새가 없어진다. 밥을 싫어할 때는 밥을 먹기 좋게 식혀서 주고 볶음밥, 김밥, 주먹밥 등으로 만들어 밥에 변화를 주면 좋다. 우유를 싫어할 때는 요구르트와 우유를 반반씩 주거나 식빵에 우유와 달걀을 입혀 토스트를 만들어 주면 좋다. 과일, 우유, 떠먹는 요구르트를 적당히 섞어 얼려서 주면 좋다. 채소를 싫어할 때는 고기와 마찬가지로 골라내지 못하게 잘게 다져서 튀김이나 전으로 만든다. 좋아하는 식품과 섞어서 먹이면 좋다.

채소, 과일, 우유 제품을 매일 먹이세요

채소와 과일에는 청소년기에 부족하기 쉬운 비타민과 무기질, 섬유소가 많다. 특히 초록, 노랑, 빨강, 보라 등 각종 색을 지닌 채소, 과일 등을 골고루 매일 먹어야 한다. 또 청소년기에는 뼈의 성장이 활발하므로 칼슘을 충분히 섭취해야 한다. 청소년에게 하루에 권장하는 칼슘 섭취량은 800~1,000mg이다. 칼슘에 비해 인을 너무 많이 먹으면 오히려 뼈의 성장이 방해된다. 탄산음료에는 인이 많으므로 탄산음료 대신 우유나 요구르트 등의 유제품을 먹도록 한다.

튀긴 음식과 가공식품을 적게 주세요

현재 청소년들의 지방 섭취와 비만 발생률이 늘고 있다. 지방을 많이 먹으면 비만, 고혈압, 동맥 경화 등 병의 원인이 될 수 있고 어른이 되어서도 건강에 좋지 않은 영향을 준다. 튀긴 음식이나 가공식품과 인스턴트 식품에는 지방, 에너지, 소금이 많이 들어 있다. 그렇기에 먹는 횟수나 양을 줄여야 한다.

물은 하루 10컵 이상

우리 몸의 약 65%는 물로 구성되어 있다. 신체 활동과 체내 작용이 왕성한 청소년은 하루 2,000~2,700mL의 수분이 필요한데 이는 물 10컵 분량이다. 수분은 우유, 주스 등 음료나 국으로 섭취한다. 그러나 탄산음료는 주로 단당류로 되어 있어서 에너지만 낸다. 자주 마시면 비만이 될 수 있고 인이 많아서 뼈의 성장을 방해한다. 그렇기에 탄산음료는 피하도록 한다.

아침을 꼭 챙겨 주세요

아침을 거르면 혈당이 낮아져서 무기력해지고 집중력이 감소되며 두뇌 활동이 방해된다. 생활의 활력과 학업 능률을 위해 아이에게 아침을 꼭 챙겨 주자. 의식적으로 아침식사를 하는 습관을 가지도록 해서 몸을 건강하게 만들자. 시간이 없으면 우유라도 마시게 한다. 데운 우유를 조금씩 나누어 마시면서 등교 준비를 시키자. 또 저녁은 제시간에 먹어야 한다. 저녁을 너무 늦게 먹으면 위에 부담이 되고 다음날 아침에 입맛이 없게 되게 된다.

트랜스 지방을 절제해 주세요

트랜스 지방은 액체인 식물성 기름을 마가린, 쇼트닝 등의 고체 형태로 수소화하는 과정에서 생긴다. 트랜스 지방을 많이 먹으면 혈액 내 나쁜 콜레스테롤이 많아져 심장병이나 동맥경화증의 원인이 되기도 한다. 트랜스 지방은 마가린, 쇼트닝, 감자튀김, 도넛, 치킨 등에 많이 있다. 아이들이 좋아한다고 이런 음식만 먹이지 않도록 주의하자. 튀긴 음식, 빵보다는 에너지가 적고 영양가가 있는 고구마, 감자, 옥수수로 대체하는 것이 좋다.

어린이 건강메뉴에 물어보세요

Q 아기의 알레르기가 걱정됩니다. 주의해야 할 식품은 어떤 것이 있나요?

A 아기의 경우 장벽의 기능이 덜 발달되어 있기 때문에 식품 단백질이 쉽게 장점막을 통과하여 체내로 들어와 알레르기를 일으킬 수 있다. 특히 엄마나 아빠가 알레르기가 있다면 아기에게는 우선 모유를 충분히 먹이고 알레르기를 일으킬 것 같은 식품은 가능한 늦게 이유식에 첨가해 주는 것이 좋다. 달걀, 우유, 대두는 아기에게 알레르기를 유발시키기 쉬우며, 또 메밀, 땅콩, 돼지고기, 닭고기, 고등어와 같은 붉은 살 생선, 조개류, 새우 등의 갑각류, 토마토, 복숭아 등도 알레르기를 잘 일으킬 수 있는 식품이다. 그러나 이러한 식품들은 아기에게 훌륭한 영양공급원이기도 하기 때문에 무조건 제한할 필요는 없으며 항상 주의 깊게 관찰하며 아기의 특성에 따라 먹이도록 해야 한다.
*돌 이전에는 생우유, 달걀흰자, 조개, 생선, 오렌지, 감귤류, 초콜릿, 땅콩버터, 딸기, 토마토, 밀가루, 꿀 등은 먹이지 않는 것이 좋다.

Q 과일이 아기나 어린이에게 좋은가요?

A 과일은 비타민과 무기질이 풍부하여 아이들이 꼭 먹어야 하지만 달기 때문에 많이 먹기 쉽고, 섣불리 유아에게 먹이면 알레르기를 일으킬 수도 있다. 미국 소아과의사협회에서는 생후 6개월 이전의 영아에게 과일은 영양학적으로 좋은 점이 없으며, 생후 6개월 이상의 아이들에게는 과일을 주어도 좋다고 말한다. 또한 주스 형태보다는 과일 그 자체가 영양학적으로 더 좋다고 권고하고 있다. 그리고 딸기, 귤, 오렌지는 생후 1년 이후부터 시작하는 것이 좋다. 아기가 커도 음료로 주스보다는 물, 우유 등과 같이 설탕을 첨가하지 않은 것이 좋은데 이는 설탕이 치아를 손상시킬 수 있기 때문이다.

Q 빈혈이 있는 어린이에게 좋은 식품은 무엇인가요?

A 빈혈이 있는 어린이는 특히 다양한 식품을 먹어야 한다. 철분을 섭취하기 가장 좋은 식품은 대부분 헴(Heme) 철분을 함유하고 있는 육류, 어패류, 가금류(닭고기 등)이다. 그 다음은 곡류나 곡류로 만든 가공식품(빵, 면류), 콩류 및 진한 녹색채소 등이다. 채소류에 있는 철분은 비헴(non-heme) 철로서 동물성 급원의 철분보다는 체내 흡수율이 낮으나, 신체내 철분이 많이 부족할 때는 흡수율이 높아진다고 한다. 철분 함량은 곡류의 종류에 따라 차이가 있지만 일반적으로 곡류는 주식으로 먹기 때문에 철분의 주요 급원이 된다. 우유와 유제품은 칼슘 함량은 높지만 철분 함량과 흡수율이 낮은 편이다. 철분이 강화된 시리얼이나 주스 등을 먹는 것도 철분 섭취에 도움이 된다.

Q 젤리 같은 것을 아이에게 줘도 될까요?

A 젤리는 과일향이나 과즙이 들어가서 달기 때문에 아이들이 무척 좋아하는 간식이다. 그러나 젤리는 글루코만난이나 곤약으로 만들어져서 잘 씹히지 않고 덩어리째 삼키면 목에 걸려 질식되기 쉽다. 그러므로 5세 이하의 어린이에게 먹일 때는 반드시 잘게 썰어 주고, 5세 이상의 어린이들이 먹을 때도 한번에 여러 개를 먹지 않도록 주의를 해야 한다. 젤리 이외에도 떡, 어묵, 핫도그, 당근덩어리, 생콩, 팝콘, 캐러멜 등과 같이 덩어리가 큰 것은 씹지 않고 삼키면 질식의 위험이 있으므로 나이가 어릴수록 주의해야 한다.

Q 어린이도 짜게 먹으면 안 좋을까요?

A 연령에 상관없이 짜게 먹는 것은 좋지 않다. 소금을 많이 먹으면 혈압이 올라가고 여러 가지 병의 위험이 있다. 따라서 부모들이 아이가 얼마나 소금을 섭취하는지 관심을 가져야 한다. 선진국에서는 1세~3세의 아이들이 하루에 2g(나트륨으로서 0.8g 정도) 이상의 소금을 섭취하지 말 것을 권고한다. 그래서 가공식품(시리얼, 과자 등)의 나트륨 함량이 얼마나 되는지 제품 중의 영양표시정보를 주의 깊게 살펴보아야 한다. 또한 아이에게 과자류보다는 채소나 과일을 간식으로 주는 것이 소금 섭취를 줄일 수 있는 좋은 방법이다.

Q 아이에게 저지방 우유를 먹여도 될까?

A 아이들에게 우유 및 유제품은 꼭 필요한 식품이다. 에너지와 단백질, 다양한 비타민과 무기질을 가지고 있고 무엇보다 칼슘이 듬뿍 들어 있어 성장기 아이의 골격과 치아 형성에 큰 역할을 한다. 1세~3세 사이의 유아들의 칼슘 권장량은 500mg으로 우유 2컵만 먹어도 충분하다. 그러나 탈지분유 또는 저지방 우유는 열량 및 비타민 A, 비타민 D의 함량이 낮아서 5세 이하의 어린이들에게 적당하지 않다. 특히 만 2세 이하의 유아들은 반드시 열량 및 비타민 A 함량이 높은 전지(全脂)우유를 섭취하도록 해야 한다.

Olive Oil
SPAGET
Kitchen

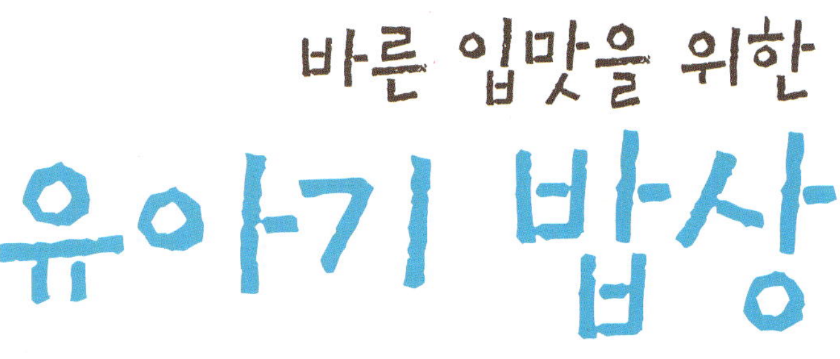

바른 입맛을 위한

유아기 밥상

PART 1 From 3 years to 6 years

영아기 이후 아동기 이전까지의 시기 즉, 3~6세까지를 말하는 유아기는 성인과 달리 왕성한 신진대사와 계속적인 성장 발육이 이루어지는 신체 성장 발육의 중요한 시기이다. 유아기의 식습관은 신체적 건강 뿐 아니라 정신적 건강과 관련이 매우 깊다. 식습관이 좋은 아이는 정서적으로 안정되어 있으며 활동성이나 사회성, 책임성이 우수하다. 또 유아기에 형성된 식습관은 성인기까지 지속, 평생 건강의 초석이 된다. 따라서 유아기에는 올바른 식습관을 기르는 것이 무엇보다 중요하다. 유아의 식사를 계획할 때는 연령별로 각 식품군의 1일 섭취 횟수와 1회 분량을 고려하여 균형적인 식사를 할 수 있게 한다.

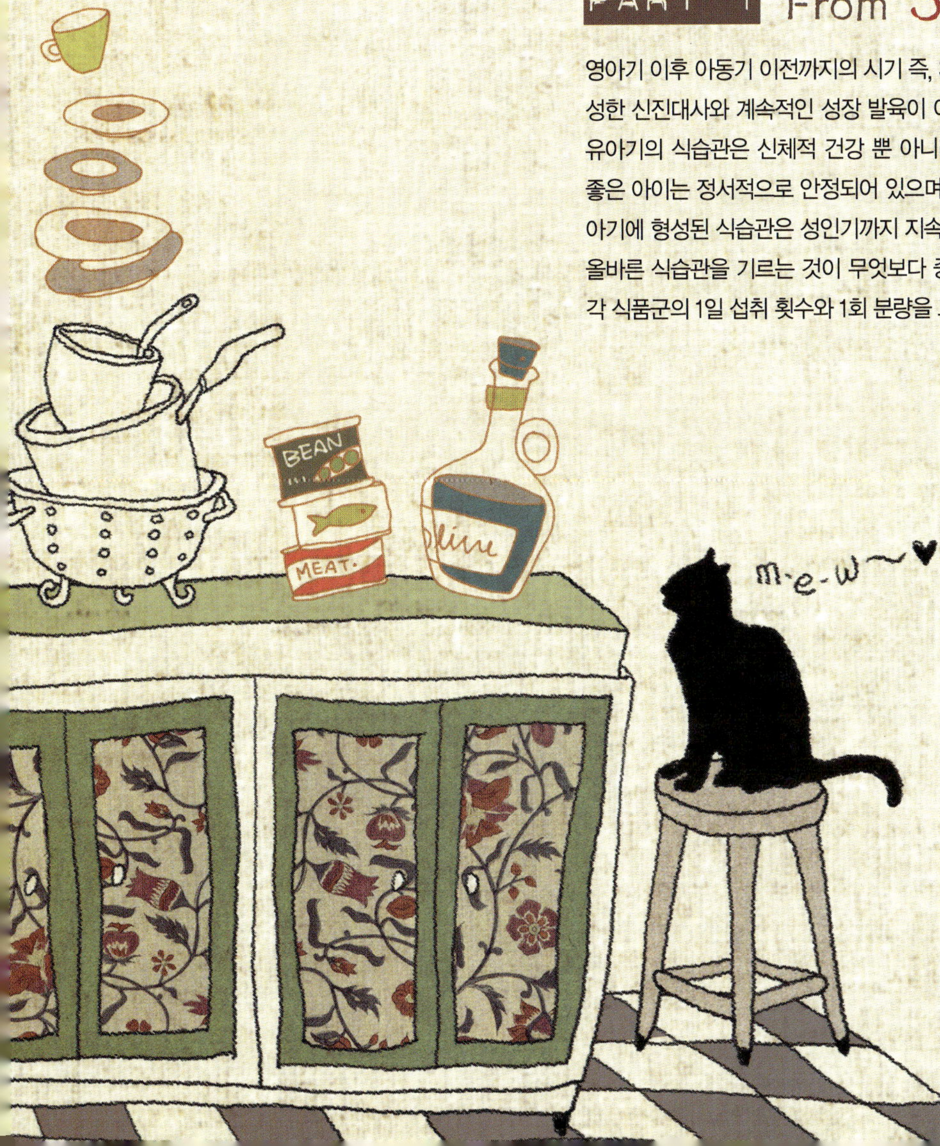

영양소 함량 **87** kcal
탄수화물   14.8 g
단백질   3.4 g
지방   2.4 g
나트륨   30 mg

감자를 곁들인 채소 스튜

스튜는 재료를 한데 섞어 소스 팬에 넣고 장시간 끓여 만드는 국물있는 서양요리.
감자는 비타민 C와 섬유질이 많아 혈액 중의 콜레스테롤을 저하시키는 작용을 한다.

이렇게 준비하세요 2인분

양파 15g, 청피망 15g, 가지 10g, 애호박 18g,
양송이버섯 8g, 다진 마늘 2g,
토마토 10g, 감자 50g, 올리브오일 1g,
닭육수 15g, 토마토 페이스트 8g,
생크림 5g, 우유 8g, 소금 적당량,
후춧가루 적당량

a
b
c
d

이렇게 만들어보세요

1 양파, 청피망, 가지, 애호박, 양송이는 1cm 정도의 정육각형 모양으로 썬다.

2 토마토는 끓는 물에 데쳐내어 껍질을 벗긴 후 씨를 제거하여 과육 부분만 채소
  들과 같은 크기로 잘라준다.

3 감자는 껍질을 벗겨 큼직하게 썰어 삶은 후 감자가 완전히 익으면 건져내서 껍
  질을 벗기고 오븐팬에 옮겨 오븐에 넣어 수분을 제거한다. 뜨거울 때 으깨어 우
  유와 생크림, 소금, 후춧가루를 넣어 마무리한다.

4 가열된 팬에 올리브오일을 두르고 양파를 넣어 투명해질 때까지 볶는다[a]. 마늘,
  토마토 페이스트를 넣어 볶아준 후[b] 청피망, 가지, 호박, 양송이, 토마토를 넣어
  볶아주고채소가 부드러워지면[c] 닭육수를 넣어 익힌 후[d], 소금, 후춧가루로 간하
  여 마무리한다.

5 접시에 완성된 으깬 감자를 깔고 그 위에 채소 스튜를 올려낸다.

> **Tip**
> 감자는 뜨거울 때 으깨야 잘 으깨
> 지므로 식기 전에 작업한다.
> 토마토 콩카세는 껍질을 벗겨 씨
> 를 제거하여 자른 것을 의미한다.

영양소 함량 **144** kcal
탄수화물   13.7 g
단백질   10 g
지방   5.9 g
나트륨   49 mg

감자연어팬케이크

연어는 등푸른 생선 중에서도 특히 오메가3 지방산이 풍부하며 칼슘과 비타민 함량도 높아 뼈 건강에 좋다.
채 친 감자 사이에 연어와 바나나를 섞어 유아들이 생선을 쉽게 섭취하도록 하였다.

이렇게 준비하세요 **2인분**

감자 50g, 연어 35g, 바나나 15g, 바질 약간,
소금 적당량, 후춧가루 적당량, 다진 파 약간
소스 1 와사비가루 3g, 마요네즈 2g
소스 2 아몬드 3g, 바질 1g, 파슬리 1g,
시금치 3g, 올리브오일 2g

이렇게 만들어보세요

1 감자를 매우 얇게 채 썰어 찬물에 담가 전분을 제거한다.

2 연어는 5×13×0.5cm 정도 크기로 썬 뒤 소금, 후춧가루로 간을 해둔다.

3 바나나는 0.5cm 정도의 두께로 잘라 놓는다.

4 감자는 종이 타월을 이용하여 물기를 제거해 두고, 팬은 뜨겁게 가열한다.

5 팬에 기름을 두르고 채 썬 감자를 놓은 후[a] 그 위에 연어, 바나나를 올려 놓고[b]
다진 파를 올린 다음 다시 감자채를 올려준다[c].

6 감자가 색이 나면 뒤집어서 익혀준다[d].

7 **소스 1** 와사비가루와 마요네즈를 섞어 와사비 마요네즈를 만든다.
소스 2 아몬드와 바질, 파슬리, 시금치, 올리브오일을 믹서에 넣어 함께 간다.

8 접시에 두 가지 소스와 함께 감자 연어 팬케이크를 놓는다.

Tip

감자는 전분함량이 많아 채 썬 후
찬물에 담가 전분을 제거한 다음
사용해야 열이 가해졌을 때 팬에
들러붙지 않고 끈적거리지 않는다.

영양소 함량 **249.1** kcal
탄수화물   54 g
단백질   3.9 g
지방   2.4 g
나트륨   233 mg

김치 고구마밥

김치는 항암 효과를 지니고 있는데 김치의 주재료인 배추 등의 채소는 대장암을 예방해주고,
김치의 재료에 들어가는 마늘은 위암을 예방해준다. 유아기에는 채소의 섭취량이 적어
변비의 위험이 있으므로 김치와 고구마 등의 섬유소가 많은 음식을 먹는 것이 좋다.

이렇게 준비하세요 **2인분**

고구마 15g. 쌀 40g, 물 40g, 김치 8g,
사과 小 95g, 참기름 1g, 다진 마늘 1g,
소금 적당량
양념장 선택 간장 1g, 국간장 1g, 고춧가루 1g,
다진 마늘 1g, 통깨 1g, 송송 썬 실파 1.5g,
참기름 0.5g

a
b
c
d

이렇게 만들어보세요

1 고구마는 1cm의 정육각형으로 썰어 놓는다.

2 물에 씻은 김치를 송송 썰어 참기름을 두른 팬에 볶다가 마늘과 소금을 넣어 볶
는다 **a**.

3 냄비에 불린 쌀과 고구마, 볶은 김치를 넣고서 고슬고슬하게 밥을 짓는다 **b**.

4 사과의 꼭지 부분을 자른 뒤 속을 파내고 **c** 밥을 채운다 **d**.

5 160℃로 예열된 오븐에 밥을 채운 사과를 넣고 사과가 익을 정도로 구워준다.

6 양념장 재료를 섞어 양념장을 만들고 밥과 곁들여 낸다.

Tip

채소와 같이 밥을 하는 경우에 물
의 양을 정확히 하여 재료에서 나
오는 수분으로 인해 질지 않도록
하며 쌀과 물이 동량이 되도록 하
는 것이 좋다.

영양소 함량 179 kcal
탄수화물 26.8 g
단백질 8.1 g
지방 4.2 g
나트륨 103 mg

녹차 크러페

크레페는 밀가루 반죽을 종잇장처럼 얇게 부쳐 만든 디저트이다. 밀가루 반죽에 녹차를 섞어 담백한
아침식사용으로 손색이 없다. 녹차는 피부에도 좋고 항암 효과도 있으며 자라는 아이의 충치 예방에도 좋다.

이렇게 준비하세요 **2인분**

박력분 25g, 녹차가루 3.5g, 달걀 25g,
우유 50g, 버터 0.5g
곁들임 생크림 5g, 팥앙금 2g, 바나나 3g, 사과
3g, 오렌지 3g

a b c d

이렇게 만들어보세요

1 박력분과 녹차가루를 섞은 후 체에 내려 입자를 고르게 한다.

2 믹싱볼에 달걀, 우유, 살짝 녹인 버터를 넣고 잘 섞어준 후 체에 내린 박력분과
녹차가루를 섞어 반죽을 만들어 놓는다[a].

3 과일은 1cm 크기의 정육각형으로 잘라 준비해 놓는다.

4 생크림은 부드럽게 거품 내서 냉장고에 넣어둔다.

5 직경 10cm 정도로 크레페를 만든다[b, c].

6 크레페에 준비해 놓은 생크림을 한 숟가락 얹고 팥앙금을 크림 위에 얹는다[d].

7 완성된 크레페를 접시에 담고 과일을 곁들여 낸다.

> **Tip**
> 박력분을 미리 체에 내려 덩어리
> 지지 않게 하여야 하며 일단 덩어
> 리진 것은 수분이 닿은 후에도 잘
> 풀리지 않으므로 주의해야 한다.

영양소 함량 86 kcal
탄수화물 21.9g
단백질 1.9g
지방 0.2g
나트륨 22mg

멜론 수프

수프는 다양한 재료에 육수를 넣고 끓여 양념한 일종의 서양식 국.
멜론은 참외와 비슷한 정도의 영양가를 갖고 있는데 그 중에 당질의 함량이 높고 철분,
나이아신, 비타민 A, 비타민 C도 많이 함유되어 있다.

이렇게 준비하세요 3인분

멜론 110g, 오렌지 30g, 레몬 5g, 탄산수 30g,
레몬껍질 2g, 전분 3g, 설탕 5g
장식재료 멜론, 자두, 생크림, 민트

a

b

c

d

이렇게 만들어보세요

1 멜론은 적당한 크기로 자르고, 오렌지와 레몬은 껍질을 벗겨 과육만 잘라낸다. 이
  것을 믹서에 넣어 잘 갈아서 레몬주스, 오렌지주스 형태로 냉장고에 넣어둔다[a].
2 레몬주스, 탄산수, 오렌지주스, 오렌지껍질, 레몬껍질을 넣어 향이 우러나도록
  끓이고 전분을 넣어 농도를 맞춘 뒤[b] 덩어리지지 않게 체에 걸러 차갑게 식힌다[c].
3 갈아 놓은 멜론에 레몬과 오렌지 섞은 것을 넣어 섞어주고 설탕으로 맛을 낸다[d].
4 생크림을 거품내어 준비하고 자두, 멜론, 민트로 장식한다.

Tip

오렌지와 레몬 껍질 부분에 향을
내는 오일주머니가 있어 진한 향
을 이용하기 위해서는 껍질을 깨
끗이 씻어 사용하는 것이 좋다. 오
렌지와 레몬 껍질은 제스터나 채
소 껍질 벗기는 기구를 이용하여
잘라낼 수 있다.

영양소 함량 123 kcal
탄수화물 8.4 g
단백질 10.2 g
지방 5.5 g
나트륨 226 mg

미니버거

기름기가 적은 살코기를 이용한 유아용 미니버거로 각종 채소를 다져서 넣어 채소를 싫어하는 어린이들도 자연스럽게 먹을 수 있게 한다. 브로콜리는 비타민 C와 식이섬유가 풍부해 변비와 대장암 예방에 탁월하고 빈혈을 예방하는 철분 함량도 높다.

이렇게 준비하세요 **2인분**

다진 양파 3g, 다진 브로컬리 3g,
다진 당근 3g, 다진 바질 1g, 달걀 6g,
간 쇠고기 25g, 간 돼지고기 10g,
빵가루 5g, 마요네즈 1g, 토마토케첩 1g,
미니버거빵 12g, 양상추 2g,
토마토 8g, 후춧가루 적당량

a b c d

이렇게 만들어보세요

1 바질과 양파, 브로컬리, 당근은 곱게 다져 준비한다.

2 쇠고기 갈은 것과 돼지고기는 1:1 비율로 섞은 후 달걀, 케첩, 바질 다진 것, 양파 다진 것, 후춧가루, 브로컬리, 당근 다진 것, 빵가루와 함께 섞어 패티를 만든다[a].

3 미니버거빵의 안쪽 면에 버터를 바른 후 팬에서 살짝 구워준다[b].

4 만들어 놓은 패티를 팬에서 갈색이 나도록 익혀준다[c].

5 빵에 마요네즈를 바르고 양상추, 패티, 케첩, 토마토, 양상추 순으로 올리고 마요네즈 바른 빵으로 덮어 완성한다[d].

Tip

양파를 기름을 두르지 않은 팬에 볶아 사용하면 물기와 매운맛을 제거해 주므로 햄버거에 넣는 양파는 볶아서 사용하기도 한다.

영양소 함량 161 kcal
탄수화물 23.3 g
단백질 7.8 g
지방 4.6 g
나트륨 229 mg

바질 고구마 옥수수빵

고구마, 시금치, 치즈를 넣어 오븐에 구워 만든 폴렌타 스타일의 옥수수빵.
폴렌타는 원래 옥수수가루로 만든 죽이지만 현재는 빵의 형태에 더 가깝게 만들어진다.
고구마는 알칼리성 식품으로 각종 비타민과 무기질 및 양질의 식이섬유가 함유되어 있다.

이렇게 준비하세요 **2인분**

시금치 10g, 바질 3g, 고구마 30g,
옥수수 가루폴렌타 가루 15g, 파마산치즈 10g,
모짜렐라 치즈 10g, 소금 · 후춧가루 · 버터 적
당량씩

이렇게 만들어보세요

1 시금치와 바질을 팬에서 볶다가 소금, 후춧가루로 간하여 모짜렐라 치즈를 넣어
식힌다.

2 고구마는 삶아서 껍질을 벗기고 1cm 정도의 정육각형으로 자른다.

3 ① 옥수수 가루에 찬물 1컵과 소금을 넣어 섞는다. ② 소스팬에 물 2.7컵 정도를
넣고 끓이다가 ①을 천천히 끓는 물에 넣는다. ③ 다시 끓어오를 때까지 천천히
젓다가 낮은 온도에서 10~15분 정도 아주 되직해질 때까지 조리한 후 파마산 치
즈를 넣어 섞는다[a].

4 버터를 바른 사기그릇에 옥수수빵 반죽을 넣고 그 위에 시금치 바질 혼합물을
올린다[b]. 2의 고구마를 그 위에 올려놓고[c], 다시 옥수수빵 반죽을 올려 그릇을
채우고[d] 냉장고에 넣어 식혀준다.

5 폴렌타가 완전히 식어 굳으면 176℃의 오븐에서 윗면에 갈색이 나도록 40분 정
도 구워준다. 적당한 크기로 잘라 접시에 담고 기호에 따라 토마토케첩을 곁들
여 낸다.

Tip
고구마는 항산화비타민 전구체, 베
타카로틴 성분과 섬유질이 많아
영양 간식용으로 좋다.

영양소 함량 325 kcal
탄수화물 59 g
단백질 8.7 g
지방 4.9 g
나트륨 125 mg

버섯 리조토

리조토는 버터에 쌀을 넣고 살짝 볶은 뒤 뜨거운 육수를 넣어 만든 이탈리아 요리.
양송이는 비타민 D와 타이로시나제, 엽산을 많이 함유하고 있어 아이 건강에 더없이 좋다.

이렇게 준비하세요 **4인분**

쌀 70g, 양송이버섯 15g, 다진 마늘 2g,
닭육수 180g, 다진 파슬리 2g,
다진 타임 0.5g, 올리브오일 1.5g,
파마산치즈 3g, 버터 1g, 소금 적당량,
후춧가루 적당량, 버터 · 올리브오일 적당량씩

이렇게 만들어보세요

1 올리브오일을 두른 팬에 다진 마늘을 넣고 볶다가 2mm 두께로 썬 양송이버섯을 넣고 볶아준 후 접시에 덜어낸다[a].

2 버섯을 볶은 팬에 쌀을 넣고 볶는다.

3 볶은 쌀에 닭육수를 넣고 수분이 흡수될 때까지 잘 저어가며 조리한다[b].

4 쌀이 어느 정도 익으면 볶아놓은 버섯을 넣고 쌀이 완전히 익을 때까지 조리한다[c].

5 파마산치즈, 소금, 후춧가루, 타임 다진 것, 다진 파슬리, 버터를 넣어 마무리한다[d].

Tip

리조토는 볶음밥보다 기름이 적게 들어가고 우유 등을 넣을 수도 있기 때문에 다양한 방법으로 영양 성분을 보강할 수 있다.

생강향의 고구마크로켓

크로켓은 고기를 다져 기름에 볶은 것을 으깬 감자와 섞어 달걀, 빵가루를 묻혀서 기름에 튀긴 서양 요리. 생강 속에 들어있는 진저롤과 쇼가올은 여러가지 병원성 균에 대해 강한 살균 작용을 한다.

🍳 이렇게 만들어보세요

1 고구마를 삶아 껍질을 제거하고 오븐에 넣어 수분을 제거한다.

2 생강을 편으로 썰어 생크림과 섞어 생강향이 우러나도록 살짝 끓인 후 체에 내린다.

3 볼에 으깬 고구마와 크림을 넣고 잘 섞어준다.

4 기호에 따라 버터, 꿀, 소금, 후추를 넣어 맛을 내고 원하는 모양으로 빚는다.

5 빚은 반죽을 밀가루, 달걀물, 빵가루 순으로 묻혀 160℃ 기름에서 조리한다.

Tip 오븐이 없으면 뜨거운 팬에서 고구마의 수분을 제거하도록 한다.

⚖️ 이렇게 준비하세요 **2인분**

고구마 60g, 생강 2g, 생크림 3g, 버터 2g, 꿀 2g, 밀가루 3g, 달걀물 5g, 빵가루 3g, 튀김기름 8g, 소금 · 후춧가루 적당량

🍲 영양소 함량 **205** kcal

탄수화물	25.2 g
단백질	2.2 g
지방	10.9 g
나트륨	49 mg

a b c d

사과와 크림치즈를 곁들인 토스트

사과는 식물성 섬유소와 비타민 C가
많으며 콜레스테롤 조절과
피로 회복에 좋다. 아이들이
좋아하는 두 재료, 아삭·달콤한 맛의
사과와 부드러운 맛의
크림치즈의 환상적 조화.

이렇게 준비하세요 2인분

우유식빵 45g, 설탕 2g, 계피가루 2g,
크림치즈 6g, 사과 40g

영양소 함량 188 kcal

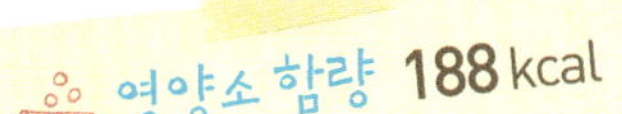

탄수화물	32 g
단백질	4.8 g
지방	4.8 g
나트륨	215 mg

이렇게 만들어보세요

1 토스터나 팬에 식빵을 굽고 그 위에 흰 설탕과 계피가루를 곱게 뿌린다[a].

2 식빵에 크림치즈를 얇게 바른다[b].

3 사과를 얇게 썬 후 치즈를 바른 빵 위에 올리고 다시 치즈 바른 빵으로 덮는다[c].

4 식빵의 가장자리를 잘라내고 4등분하여 완성한다[d].

Tip 기호에 따라 사과를 바나나로 대체해도 좋다. 사과는 오븐에 한 번 구워서 사용해도 좋다.

a

b

c

d

영양소 함량 148.3 kcal
탄수화물 13.8 g
단백질 9.0 g
지방 5.9 g
나트륨 70 mg

고기완자를 곁들인 스웨덴식 국수

쇠고기는 철분이 풍부하여 빈혈인 사람에게 좋다.
또 쇠고기 단백질에는 필수 아미노산이 많이 들어 있다. 성장기 어린이에게 더없이 좋은 영양 공급원이다.

이렇게 준비하세요 2인분

간 쇠고기 35g, 달걀 8g,
다진 붉은 양파 8g, 다진 파슬리 2g,
빵가루 3g, 올리브오일 1g,
육수 10g, 생크림 12g, 에그누들 40g,
버터 1g, 소금 적당량, 후춧가루 적당량

이렇게 만들어보세요

1 쇠고기는 갈은 것으로 준비하고, 달걀은 풀어놓는다. 양파와 파슬리는 다져서
  준비해둔다.

2 믹싱볼에 갈은 쇠고기, 달걀, 빵가루, 다진 파슬리, 소금, 후춧가루, 양파를 넣고
  치대어 반죽을 한다 [a].

3 반죽을 4등분으로 분할하여 둥글게 빚는다 [b].

4 팬에 올리브오일을 두르고 미트볼을 익힌다.

5 4에 육수, 생크림을 넣고 소금, 후춧가루로 간을 한다 [c].

6 에그누들을 삶아 젓가락과 체를 이용하여 건져낸다.

7 버터, 다진 파슬리를 넣은 팬에 6을 넣고 볶아 접시에 담는다 [d].

Tip

쇠고기 완자는 여러 채소들과 섞을 때 많이 치대어야 부스러지지 않고 잘 뭉쳐지게 된다.

대구크림스튜

대구는 지방 함량이 적은 흰 살 생선으로 맛이 담백한 것이 특징. 크림을 넣은 스튜는 지방량이 높아질 수 있다. 이때 담백한 대구를 넣으면 다른 식품에 비해 지방량을 제한할 수 있다.

🍳 이렇게 준비하세요 **2인분**

다진 양파 10g, 다진 청피망 10g, 다진 마늘 2g, 다진 청고추 2g, 대구살 35g, 토마토 30g, 땅콩버터 1g, 생크림 13g, 파프리카 가루 1g, 새우 20g, 올리브오일 1g, 소금 · 후춧가루 적당량

🍲 이렇게 만들어보세요

1 대구살은 굵직하게 썰고, 토마토는 끓는 물에 데쳐서 껍질을 벗기고 씨를 제거해 과육만 썰어 콩카세로 준비한다.

2 올리브오일을 두른 팬에 양파, 고추를 넣고 볶다가 마늘을 넣고 볶는다 **a**.

3 생크림과 땅콩버터를 넣은 후 토마토, 파프리카, 새우를 넣어 조리한다 **b**.

4 준비된 대구살을 넣는다 **c**.

5 소금, 후춧가루로 간을 하여 완성한다 **d**.

Tip 새우는 지나치게 가열하면 질겨지므로 가장 나중에 넣어 익힌다.

🥗 영양소 함량 **186** kcal

탄수화물	4.4 g
단백질	28.1 g
지방	5.5 g
나트륨	406 mg

a   b   c   d

에멘탈치즈 퐁뒤

에멘탈치즈는 탄력 있는 조직을
가지고 있으며 호두와 같은 맛을
낸다. 에멘탈치즈퐁뒤는 직접
찍어 먹는 재미가 있는 어린이
인기 메뉴이다.

이렇게 준비하세요 2인분

에멘탈치즈 20g, 마늘 2g, 넛맥 약간,
닭육수 30g, 물전분 2g, 바게트빵 6g,
방울토마토 30g, 키위 20g,
소금 적당량, 후춧가루 적당량

영양소 함량 109 kcal

탄수화물　　10.1 g
단백질　　6.9 g
지방　　5 g
나트륨　　106 mg

이렇게 만들어보세요

1 바닥이 두꺼운 팬의 표면에 마늘로 문질러 마늘 즙을 골고루 묻힌 후 가열
하여 버터를 녹인다[a].

2 팬에 닭육수와 물전분을 넣고 약한 불에서 결정이 생기지 않도록 저어가며
끓인다[b].

3 자른 에멘탈치즈를 넣고 나무 주걱을 이용하여 한 방향으로 젓는다[c].

4 치즈가 다 녹으면 기호에 맞게 넛맥, 소금, 후춧가루를 넣는다.

5 바게트, 방울토마토, 키위 등을 적당한 크기로 잘라 꼬치에 꽂아 곁들인다[d].

Tip 치즈가 닭육수와 잘 섞여 분리되지 않도록 한쪽 방향으로 잘 저어주어야
한다.

a　　b　　c　　d

영양소 함량 169 kcal
탄수화물   20.8 g
단백질   12.4 g
지방   4.7 g
나트륨   117 mg

완두콩 수프

완두콩의 단백질을 구성하는 아미노산은 성장을 촉진하고 시력을 증진시키며
골격을 튼튼하게 하기 때문에 성장기 어린이에게 좋은 식품이다.

이렇게 준비하세요 3인분

다진 양파 10g, 다진 샐러리 5g,
베이컨 13g, 완두콩 80g, 육수 120g,
생크림 2g, 소금 · 후춧가루 적당량씩

이렇게 만들어보세요

1 베이컨은 적당한 크기로 잘라 준비한다.

2 팬에 베이컨을 넣고 볶다가 양파, 샐러리를 넣고 색이 나지 않게 볶는다[a].

3 채소가 볶아지면 완두콩을 넣고 충분히 볶아준다.

4 완두콩이 반 정도 익으면 육수를 넣고 푹 끓여준다[b].

5 완두콩이 다 익으면 믹서로 갈아, 체에 걸러낸다[c].

6 5를 냄비에 옮기고 기호에 맞게 소금, 후춧가루, 생크림을 넣어 마무리한다[d].

Tip

육수는 주로 닭뼈와 다양한 채소를 함께 넣고 끓인 닭 육수를 이용한다.

영양소 함량 213 kcal
탄수화물 34.2 g
단백질 7.3 g
지방 4.7 g
나트륨 72 mg

펜네파스타셀러드

이태리식 파스타 중에서 속이 비고 길이가 짧은 형태로 젓가락질을 잘 못하는 어린이들에게
적당한 파스타이다. 봄철에 귀족이라 불리는 아스파라거스가 들어 있어 영양가가 매우 풍부하다.

이렇게 준비하세요 2인분

펜네 파스타 40g, 청피망 10g, 홍피망 10g,
양파 10g, 완두콩 5g, 블랙올리브 2g,
아스파라거스 2g, 토마토콩카세 15g,
파마산치즈 4g, 소금 적당량
바질 페스토 잣 2g, 올리브오일 2g, 바질 3g(믹서에 갈아줌)

a b c d

이렇게 만들어보세요

1 펜네 파스타를 끓는 소금물에 기름을 약간 넣고 10분정도 삶아 체에 밭쳐 물기
를 빼둔다[a].

2 청피망, 홍피망, 양파는 펜네 파스타 길이 정도로 썬다. 완두콩은 끓는 물에 데
쳐서 찬물에 헹군 후 물기를 뺀다[b].

3 블랙올리브는 링의 형태로 썰고 아스파라거스도 펜네 파스타 길이로 썰어 끓는
소금물에 데쳐 찬물에 식힌 후 물기를 빼 준비한다.

4 볼에 물기 뺀 파스타와 만들어 놓은 바질 페스토, 소금을 넣고 섞는다[c].

5 4와 나머지 채소들을 같이 섞어 접시에 담는다[d].

Tip

파스타는 국수와 달리 전분량이 많지 않기 때문에 찬물에 헹구지 말고 물기를 빼서 그대로 식혀 사용한다.

영양소 함량 132 kcal
탄수화물   16.9 g
단백질   9.0 g
지방   4.9 g
나트륨   266 mg

감자피자

피자는 밀가루 반죽 위에 토마토소스, 올리브, 베이컨, 버섯 등의 재료들을 얹고 피자치즈를 뿌려
오븐에 구워낸 요리를 일컫지만 이외에도 다양한 재료를 첨가시켜 만들 수 있다.

이렇게 준비하세요 2인분

감자 50g, 홍피망 5g, 청피망 5g,
베이컨 12g, 피자치즈 20g, 바질 1g,
토마토소스 또는 케첩 7g

토마토소스
양파 10g, 마늘 1g, 캔 홀토마토 30g,
올리브오일 1g, 소금 · 후춧가루 적당량씩

a
b
c
d

이렇게 만들어보세요

1 감자의 전체량 중 1/3을 남겨두고 나머지는 통째로 삶는다.

2 청, 홍피망은 0.5cm 정도의 정사각형으로 자른다.

3 베이컨은 얇게 썬다.

4 토마토소스 마늘, 양파는 다져서 팬에 볶은 후 토마토를 잘게 썰어 넣고 끓이다
가 소금, 후춧가루로 간을 한다.

5 익은 감자는 푸드밀이나 체에 내려 소금, 후춧가루로 간을 한다.

6 익히지 않은 감자를 얇게 슬라이스하여 찬물에 담가둔다[a].

7 얇게 썬 감자를 바닥에 깔고 그 위에 삶아 으깬 감자를 얹고 다시 그 위에 얇게 썰
어 놓은 감자를 덮어 토마토소스를 덮어준다[b].

8 7의 위에 바른 후 준비해 놓은 청피망, 홍피망, 햄, 베이컨, 피자치즈, 바질을 올
린다[c].

9 170℃로 예열한 오븐에서 포테이토 피자를 구워낸다[d].

Tip
감자를 썰어서 찬물에 넣어두면
갈색으로 변하는 것을 막고 전분
을 제거할 수 있다.

영양소 함량 112 kcal
탄수화물 8.5g
단백질 9g
지방 4.7g
나트륨 211mg

해산물 옥수수 오븐구이

부드러운 달걀 스크램블을 만들어 해산물 토마토 등을 넣어 오븐에 구운 요리.
옥수수에는 단백질, 지방, 당류, 전분 등의 다양한 영양 성분이 함유되어 있다.
특히 트립파톤을 풍부하게 함유하고 있는데 이 성분은 비장과 위장을 편안하게 하여 숙면에 도움을 준다.

이렇게 준비하세요 **2인분**

달걀 30g, 새우 5g, 바지락 3g, 도미살 5g,
슬라이스 햄 3g, 실파 2g, 토마토 10g,
애호박 25g, 캔 옥수수 20g, 슬라이스치즈 8g,
홍고추 1g, 바질 1g, 올리브오일 1g,
다진 마늘 1g, 소금 적당량, 후춧가루 적당량

a   b   c   d

이렇게 만들어보세요

1 새우는 껍질과 내장을 제거하고 바지락은 살짝 데쳐 입이 열리면 살을 발라낸다.

2 해산물을 0.5cm 크기로 썰어, 기름을 두른 팬에 넣고 마늘을 첨가하여 볶아 식혀 둔다 [a].

3 햄은 0.5cm 크기로 썰고 실파는 송송 썰어 준비한다. 토마토는 껍질을 벗겨 햄과 비슷한 크기로 썰고, 바질은 굵게 채 썬다. 홍고추는 어슷썰기한다.

4 볼에 달걀을 잘 푼다.

5 팬에 올리브오일을 두르고 햄, 애호박, 옥수수를 넣어 볶다가 달걀을 풀어 넣고 스크램블을 만든다 [b].

6 반 정도 익었을 때 해산물, 토마토, 바질을 넣고 홍고추로 장식하여 익힌다 [c]. 익힌 스크램블은 오븐용 용기에 옮긴다.

6 치즈를 0.5cm 넓이로 잘라 격자로 올려 오븐에서 구워낸다 [d].

Tip
달걀을 스크램블할 때에는 낮은 온도에서 서서히 익혀야 부드러운 질감을 얻을 수 있다.

대추죽

대추에 들어있는 비타민, 식이섬유,
플라보노이드, 미네랄 등은
노화 방지와 항암 효과가 있다.
대추의 속살과 밤, 좁쌀 등을 함께
끓인 달콤하고 부드러운 맛의 대추죽은
환절기 아이들 입맛을 살려준다.

이렇게 준비하세요 2인분

좁쌀 15g, 건 대추 10g, 깐 밤 5g,
찹쌀가루 10g, 물 70g, 소금 적당량

이렇게 만들어보세요

1 좁쌀을 씻어 불린다.
2 대추와 깐 밤을 냄비에 넣고 4컵의 물을 부어 대추가 무르도록 삶는다[a].
3 삶아진 대추를 손으로 주물러 대추 속살이 나오도록 한 다음 밤과 함께 체
　에 거른다[b].
4 좁쌀은 5배의 물을 부어 저어가면서 익힌다[c].
5 거른 대추 물을 4에 넣어 잘 섞은 다음 찹쌀물을 넣어 농도가 나도록 끓인다[d].
6 소금으로 간을 맞추고 준비한 그릇에 담아낸다.

Tip 좁쌀 대신 찹쌀가루를 사용해도 된다. 찹쌀물은 찹쌀과 물을 1:1 비율로
섞어 준비한다.

영양소 함량 132 kcal

탄수화물	29.4g
단백질	3g
지방	0.8g
나트륨	2mg

a　b　c　d

밥스틱

아이가 잘 먹지 않는다면 항상 먹는
밥이 아닌 밥스틱을 만들어보자.
카레의 주원료 강황에는
'커큐민' 이라는 물질이 함유되어
있는데 커큐민은 항산화능이 커서
면역을 강화시킨다.

이렇게 준비하세요 **3인분**

다진 당근 10g, 다진 양파 15g,
다진 홍피망 10g, 다진 청피망 10g,
다진 햄 10g, 밥 10g, 카레가루 2g,
춘권피 30g, 치즈 5g, 튀김기름 3g,
소금 · 후춧가루 적당량씩

영양소 함량 **219.2** kcal

탄수화물　32.8 g
단백질　6.1 g
지방　7.6 g
나트륨　277 mg

이렇게 만들어보세요

1 당근, 양파, 청피망, 홍피망, 햄은 곱게 다진다[a].
2 팬에 1의 채소를 넣고 볶다가 밥을 함께 넣어 볶으면서 카레가루를 넣고 소
　금과 후춧가루로 간을 맞춘다[b].
3 춘권피에 볶은 밥을 넣은 후 치즈를 잘라 넣고 스틱으로 말아준다[c].
4 팬에 기름을 넉넉히 두르고 3을 튀겨준다[d].

Tip 밥은 고슬고슬하게 지어 사용하는 것이 좋다.

버섯참치무른밥

참치는 살아 있는 동안 한 번도
쉬지 않고 바다를 누빈다고 하여
'바다의 항해자' 라 불린다.
유아기는 두뇌 형성이 많이 되므로
참치와 같은 영양이 풍부한
식사를 하도록 하는 것이 좋다.

이렇게 준비하세요 **3인분**

불린 쌀 30g, 물 92g, 참치살 10g,
표고버섯 5g, 무 5g, 양파 5g, 참기름 2g,
통깨 1g, 소금 적당량

이렇게 만들어보세요

1 불린 쌀은 믹서나 절구를 이용하여 갈아서 준비한다.

2 참치살, 표고버섯, 무, 양파는 곱게 다진다[a].

3 팬에 참기름을 두르고 갈은 쌀[b], 표고버섯, 무, 양파를 볶는다[c].

4 3에 물을 넣어 무른 밥을 짓는다.

5 4의 밥이 끓어오르면 다져놓은 참치를 넣고 저어가며 소금으로 간한다. 마
지막에 통깨를 넣어 완성한다[d].

Tip 물의 양을 잘 조절하여 너무 죽처럼 되지 않도록 주의한다.

영양소 함량 **145** kcal

탄수화물 23.3 g

단백질 5.4 g

지방 3.0 g

나트륨 1 mg

송이미역죽

양송이버섯의 향과 섬유소가 함유된
미역이 조화를 이룬 부드러운 맛의 죽.
미역 속에 들어 있는 알긴산은
혈압을 내려주는 작용을 한다.
또 콜레스테롤을 제거하고 뇌를
건강하게 하며 피를 보충하는
효과가 있다.

이렇게 준비하세요 2인분

불린 쌀 30g, 양송이버섯 10g, 당근 10g,
양파 3g, 마른 미역 5g, 참기름 2g, 물 90g

영양소 함량 136 kcal

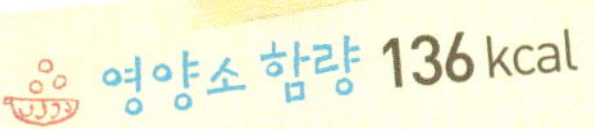

탄수화물	25.7 g
단백질	4.3 g
지방	2.4 g
나트륨	309 mg

이렇게 만들어보세요

1 불린 쌀은 믹서나 절구로 살짝 간다.

2 양송이버섯과 채소는 잘게 다지고[a], 마른 미역은 30분 정도 불렸다가 잘게
다진다[b].

3 냄비에 참기름을 두르고 쌀을 볶다가[c] 2의 재료를 넣어 한번 더 볶아 준 후
물을 부어 쌀알이 퍼지도록 끓인다[d].

Tip 죽은 항상 소금 간을 마지막에 해야 묽어지지 않는다.

a b c d

시금치 배미음

미음은 곡물 등에 물을 넣고 묽게 끓여 체에 거른 유동식으로 어린 아기 주식으로 적당하다. 다양한 채소를 넣어 끓여보자. 시금치는 카로틴과 비타민이 풍부하여 어린이 건강 지킴이 역할을 톡톡히 한다.

이렇게 준비하세요 **2인분**

불린 쌀 30g, 물 90g, 배 25g,
시금치 20g, 꿀 5g

이렇게 만들어보세요

1 불린 쌀은 믹서나 절구로 곱게 갈아 냄비에 물과 함께 넣고 끓인다[a].

2 배는 껍질과 씨를 제거하고 강판에 간다[b].

3 시금치는 끓는 물에 데친 후 물기를 꼭 짜서 곱게 다진다.

4 1이 끓어오르면 2, 3을 넣고 한소끔 끓여낸다[c].

5 입맛에 맞게 꿀로 간하여 그릇에 담는다[d].

Tip 물의 양은 쌀의 5배 정도로 하여 묽은 미음으로 만들어도 좋다.

영양소 함량 **137**kcal

탄수화물　30.1 g

단백질　3.5 g

지방　0.4 g

나트륨　12 mg

흑임자두부죽

검은깨의 맛과 두부의 고소한 맛이
어울어진 죽. 두부는 고단백 식품이며
열량과 포화지방산의 함량이 낮아
어린이 비만에 좋다. 또한 칼슘이
풍부하여 치아와 뼈의 건강 유지에
중요한 역할을 한다.

이렇게 준비하세요 2인분

불린 쌀 30g, 으깬 두부 35g, 검은깨 5g,
물 90g, 소금 적당량

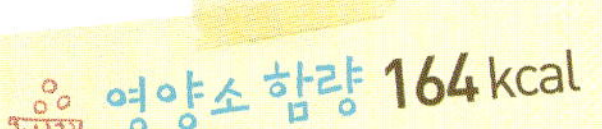

영양소 함량 164 kcal

탄수화물　23.6 g
단백질　7.1 g
지방　4.8g
나트륨　2 mg

이렇게 만들어보세요

1 불린 쌀은 믹서나 절구에 넣고 곱게 갈고 두부는 곱게 으깨어 놓는다 [a].

2 검은깨는 돌이 나오지 않도록 거른 후 물기를 빼고 볶아 동량의 물을 넣고
   곱게 간다 [b].

3 냄비에 쌀과 두부, 적당량의 물을 넣고 센 불에서 끓인다 [c].

4 불을 줄여 쌀이 퍼지면 2의 검은깨를 넣고 더 끓여 소금으로 간한다 [d].

Tip 검은깨 간 것을 체에 걸러내면 더 고운 죽을 만들 수 있다.

영양소 함량 114 kcal
탄수화물   8.7 g
단백질   9.3 g
지방   6.1 g
나트륨   163 mg

유부만두찜

닭 가슴살은 다른 육류에 비해 단백질 함량이 높은 반면 지방과 칼로리가 낮다.
따라서 많이 섭취해도 체지방 적게 근육을 만들어 준다.
유부에 다양한 재료를 넣어 싫어하는 재료도 부담없이 섭취할 수 있게 한다.

이렇게 준비하세요 **3인분**

유부 10g, 미나리 10g, 두부 20g,
닭가슴살 15g, 채 썬 양파 15g,
채 썬 당근 10g, 건표고버섯 5g,
시금치 10g, 소금 적당량, 흰 후춧가루 적당량,
깨소금 1g, 참기름 1g
초간장 멸치 육수 3g, 간장 2g, 식초 2g,
설탕 1g

a

b

c

d

이렇게 만들어보세요

1 유부는 윗면을 살짝 잘라 입을 벌려 주머니를 만들고, 끓는 물에 데쳐 냉수에 헹
구고 미나리는 잎을 떼고 데쳐서 냉수에 헹군다[a].

2 두부는 면보에 물기를 짜서 곱게 으깨고 닭고기는 껍질을 제거하여 곱게 다진다.

3 양파와 당근, 불린 표고버섯은 곱게 채 썬다. 시금치는 손질하여 끓는 물에 데쳐
물기를 짜고 2cm 길이로 썬다[b].

4 볼에 두부와 닭고기, 양파, 당근, 표고버섯, 시금치를 담고 소금, 흰 후춧가루, 깨
소금과 참기름으로 양념하여 만두소를 만든다[c].

5 준비한 유부주머니에 만두소를 넣고 미나리로 묶어 김 오른 찜통에 10분 정도
찐다[d].

6 초간장을 곁들여 낸다.

> **Tip**
> 유부는 기름기를 제거하기 위해 끓
> 는 물에 데쳐서 사용하는 것이 좋다.

51

영양소 함량 116 kcal
탄수화물 4.9 g
단백질 8.5 g
지방 6.8 g
나트륨 280 mg

다시마돼지고기조림

다시마의 알긴산 섬유질이 피부의 노화를 억제하고 숙변을 제거하여
변비에 탁월한 효과가 있으며, 성장기 어린이에게 중요한 골격 형성에 도움을 준다.
또한 다시마의 맛을 내는 글루타민산은 뇌에 영향을 주어 학습 능률을 향상시킨다.

이렇게 준비하세요 **2인분**

돼지고기 살코기 40g, 파 3g, 생강 3g,
다시마 15g, 식용유 3g, 설탕 3g, 간장 3g,
소금 적당량

a

b

c

d

이렇게 만들어보세요

1 깨끗하게 손질한 돼지고기는 약 1.5cm 길이, 1.5cm 두께로 썬다.

2 파는 4~5cm 정도로 썰고 생강은 슬라이스로 썬다.

3 다시마는 끓는 물에 약 10분 정도 넣어 3~4cm 정도로 썬다.

4 기름을 두른 팬에 설탕을 넣고 캐러멜 색으로 변할 때까지 가열한 다음[a] 고기,
파, 생강을 넣고 함께 볶는다[b].

5 고기가 익으면 다시 간장, 소금을 넣고 볶다가 고기가 잠길 정도로 물을 붓고 끓
인다[c].

6 물이 끓으면 약한 불로 바꿔 소스가 스며들도록 졸인다.

7 다시마를 넣고 약 5분가량 더 끓여 다시마에 맛이 배도록 한다[d].

Tip

기호에 따라 팔각을 첨가해도 된
다. 소스의 양이 많아지지 않도록
유의한다.

영양소 함량 157 kcal
탄수화물 8 g
단백질 10.1 g
지방 9.8 g
나트륨 294 mg

돼지고기 토마토 두부볶음

돼지고기는 동맥 내의 콜레스테롤 축척을 막아 혈관을 튼튼하게 하고 성인병을 예방해주며,
각종 미네랄이 풍부하여 성장기 어린이와 수험생에게 좋다.
또한 몸에 남아 있는 노폐물을 몸 밖으로 밀어내주는 역할과 중금속 해독 작용을 한다.

이렇게 준비하세요 3인분

돼지고기 목살 30g, 두부 30g, 토마토 50g,
다진 생강 5g, 다진 파 5g,
땅콩기름 5g, 간장 5g, 닭육수 10g,
물전분 10g, 소금 적당량

a b c d

이렇게 만들어보세요

1 돼지고기는 깨끗이 손질한 후 잘게 다진다.

2 두부는 1cm 정사각형 모양으로 썰어 준비한다.

3 토마토는 껍질과 씨를 제거한 후 두부와 같은 크기로 썬다.

4 땅콩기름을 두른 팬에 파와 생강을 넣고 볶아 향이 나게 하고, 썰어놓은 돼지고기를 넣어 볶은 후 따로 담아둔다 [a].

5 땅콩기름을 두른 팬에 토마토, 두부, 고기를 넣고 볶다가 [b] 육수를 자작하게 부은 후 간장, 소금으로 간을 한다 [c].

6 소스가 졸아들면 두부를 넣고 물전분을 넣어 소스 농도를 맞춘다 [d].

Tip

물전분은 전분과 물을 동량 섞어 사용하고, 전분을 육수에 넣어 풀어주면 음식의 향이 더 좋아진다. 고기, 두부나 토마토의 모양이 으깨지지 않도록 유의하며, 전체적으로 부드러운 질감을 갖고 있어야 한다.

영양소 함량 142 kcal
탄수화물   13.8 g
단백질   10.8 g
지방   4.9 g
나트륨   156 mg

케첩완자

우리 아이 초록색 채소를 잘 먹지 않는다? 청경채는 비타민 A와
β-카로틴, 비타민 C, 칼슘, 칼륨이 풍부해서 아이들에게 꼬옥! 필요한 채소이다.
우리 아이 입맛을 확 살려줄 달콤한 맛의 케첩완자로 만들어 주자.

이렇게 준비하세요 **3인분**

다진 돼지목살 50g, 청경채 20g,
케첩 10g, 다진 파 5g, 다진 생강 5g,
전분 5g, 소금 적당량

a

b

c

d

이렇게 만들어보세요

1 그릇에 다진 돼지고기, 파, 생강, 소금, 전분을 넣어 골고루 버무린 후 케첩을 넣
는다 [a].

2 한 방향으로 치댄 후, 고기에 양념이 배도록 한 다음 휴식기간을 둔다.

3 청경채는 1cm 정사각형 모양으로 썰어둔다.

4 양념한 고기에 끈기가 생기도록 다시 치댄 후, 지름 1.5cm 크기의 완자 모양으
로 빚는다 [b].

5 팬에 물을 넣고 가열하여 끓기 시작하면 완자를 넣고 익힌 후 [c], 청경채를 넣어준
다 [d].

6 소금을 넣어 간을 맞춰 소스가 약간 남도록 더 끓여주면 완성된다.

> **Tip**
> 완자의 모양이 부서지지 않도록 하
> 려면 완자가 담겼는 모양이 부서지
> 지 않도록 완자가 담겨져 있는 그릇
> 에 미지근한 물을 넣어 둔다.

향향 볶음밥

뚱뚱한 아이가 될까봐 걱정이라면,
볶음밥을 기름이 아닌 육수로
볶아보자. 육수로 볶아서
열량도 낮고, 비타민과 미네랄이
풍부한 목이버섯도 넣어서 건강과
맛을 모두 챙기는 일석이조 영양식.

🍳 이렇게 준비하세요 **2인분**

감자 10g, 오이 10g, 목이버섯 5g,
닭고기 15g, 닭육수 10g, 밥 50g, 파 9g,
식물성기름 1g, 소금 적당량

🍲 이렇게 만들어보세요

1 감자, 오이는 정육각형으로 썰고, 목이버섯은 물에 불려 준비한다.

2 기름을 두른 팬에 깍둑썰기한 닭고기를 넣고 볶다가 닭육수를 넣는다 **a**.

3 닭고기가 익었을 때 감자, 목이버섯을 넣고 다시 끓인 후 건져둔다 **b**.

4 깨끗한 팬에 기름을 두르고 밥과 송송 썬 파를 넣고 볶다가 **c** 오이와 익힌 닭
고기, 목이버섯, 소금을 넣어 볶는다 **d**.

Tip 목이버섯 대신 다른 버섯을 이용해도 된다.

🥣 영양소 함량 **104** kcal

탄수화물	18.9 g
단백질	5.6 g
지방	1.3 g
나트륨	10 mg

a   b   c   d

채소빵

뚝딱뚝딱 쉽게 만드는 웰빙 빵.
한창 성장하는 우리 아이는 풍부한
영양소가 필요하다. 당근, 양파,
완두콩 등 풍부한 채소가 들어 있어
우리 아이 키를 쑥쑥 키워준다.

이렇게 준비하세요 **2인분**

밀가루 30g, 베이킹파우더 1g, 버터 2g,
달걀 12g, 설탕 5g, 당근 10g, 양파 10g,
캔옥수수 10g, 완두콩 10g, 우유 10g,
소금 적당량

영양소 함량 **194** kcal

탄수화물 33.7g
단백질 6g
지방 3.2g
나트륨 188mg

이렇게 만들어보세요

1 밀가루와 베이킹파우더를 섞어 체에 내려 둔다.
2 녹인 버터에 달걀, 소금, 설탕을 넣은 후 1을 넣어 고루 잘 섞는다[a].
3 당근, 양파는 0.5cm 정육각형으로 썰어 데쳐 놓는다.
4 캔옥수수, 완두콩은 물에 헹군다.
5 2에 당근, 양파, 옥수수, 완두콩과 우유를 넣어 섞는다.
6 모양틀에 넣어[b] 김이 오른 찜통에서 10분간 쪄낸다[c].

a

b

c

영양소 함량 276 kcal
탄수화물 47.5 g
단백질 13.3 g
지방 2.3 g
나트륨 263 mg

아시아식 국수 샐러드

지치기 쉬운 뜨거운 여름. 우리 아이 입맛 살려줄 국수를 만들자.
칼국수는 일반 소면보다 두껍고 씹히는 맛이 있어 아이들이 참 좋아한다.

이렇게 준비하세요 **2인분**

간 생강 2g, 다진 마늘 2g,
홍고추 2g, 관자 15g,
새우 15g, 에그누들 60g, 실파 5g, 라임 6g,
간장 3g, 레드와인식초 2g, 칠리소스 3g,
참기름 2g
국수반죽 강력분 200g, 계란 1개, 소금 1g

a

b

c

d

이렇게 만들어보세요

1 생강과 마늘은 다지고, 홍고추는 잘게 썬다.

2 볼에 생강, 간장, 참기름, 레드와인식초, 칠리소스, 마늘을 넣어 드레싱을 만든다 [a].

3 강력분에 계란을 넣어 면반죽을 하여 면포나 비닐에 싸서 두었다가 반죽을 밀어
칼국수를 만든다 [b, c].

4 면을 삶아 익혀 찬물에 담근 후 물기를 빼서 준비한다.

5 새우는 껍질을 벗기되 꼬리 쪽의 껍질은 남겨두고 등 쪽으로 칼집을 내어 내장
을 제거하고 끓는 물에 데쳐 식힌다 [d].

6 실파는 어슷하게 썬다.

7 볼에 면, 새우, 관자, 실파, 잘게 썬 홍고추를 넣고 드레싱을 더하여 버무려 라임
조각을 곁들여 낸다.

Tip
라임이 없으면 레몬으로 대체한다.

영양소 함량 135 kcal
탄수화물 11.3g
단백질 6.7g
지방 6.4g
나트륨 200mg

어린이 스시

보기에 좋은 것이 먹기도 좋다. 예쁜 모양의 햄과 치즈 등을 올린 새콤달콤한 스시로
우리 아이 눈과 마음을 사로잡자. 만들기도 간편, 먹는 재미도 쏠쏠.
다양한 영양소도 듬뿍 들어 있는 우리 아이 베스트 메뉴이다.

🔲 이렇게 준비하세요 **2인분**

밥 120g, 삶은 달걀 20g, 슬라이스 햄 5g,
슬라이스 치즈 5g, 양파 3g, 샐러리 3g,
캔참치 3g, 칵테일새우 5g, 날치알 3g,
마요네즈 5g
초대리 식초 5g, 설탕 3g, 소금 적당량

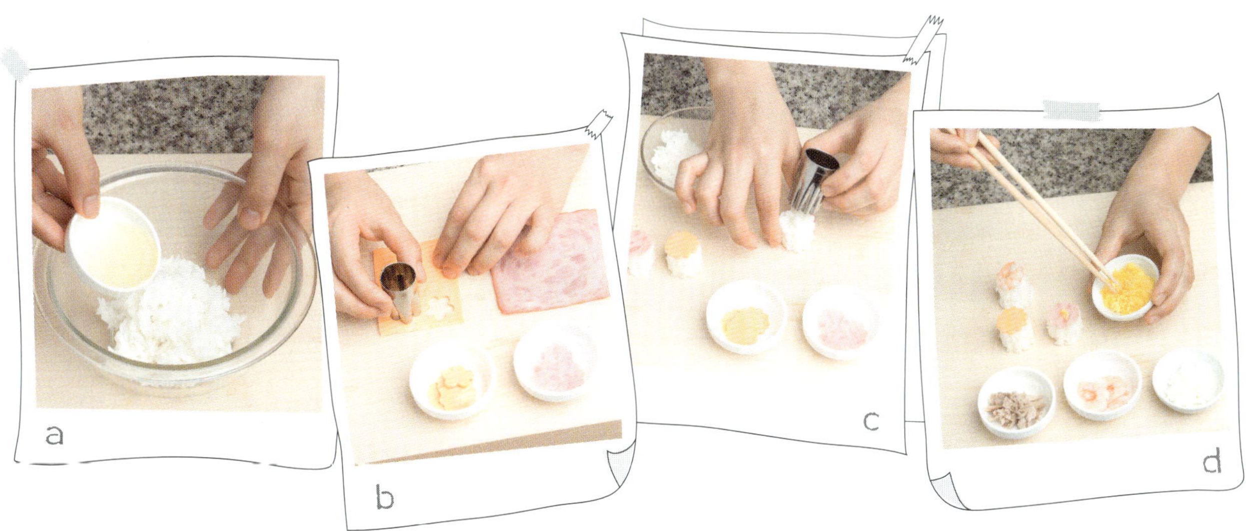

🔲 이렇게 만들어보세요

1 초대리 재료를 섞어 설탕, 소금이 녹을 정도로만 가열한다.

2 고슬고슬하게 지은 따뜻한 밥에 초대리를 넣어 고루 섞어 식힌다[a].

3 삶은 달걀은 흰자와 노른자를 따로 체에 내려 가루를 만들어 놓는다.

4 햄, 치즈는 원하는 모양으로 모양틀을 이용하여 찍어 준비한다[b].

5 기름을 제거한 참치에 다진 양파와 샐러리, 마요네즈를 섞어 준비해 둔다.

6 칵테일새우는 데쳐서 식힌다.

7 모양틀을 이용해 밥을 찍어내고[c] 그 위에 준비한 재료들을 올려 완성한다(햄, 치
즈, 날치알, 칵테일새우, 참치)[d].

> **Tip**
> 과일을 모양틀로 찍어 올려놓아도
> 좋다.

과일 요구르트 샐러드

우리 아이 좋아하는 과일이 듬뿍 든 신선 샐러드. 비타민 C가 풍부하여 피로회복, 기미 · 주근깨 방지, 노화 방지에도 좋아 엄마 다이어트식으로도 최고.

이렇게 준비하세요 **2인분**

멜론 30g, 사과 30g, 바나나 20g, 오렌지 30g, 플레인 요구르트 30g, 레몬주스 5g, 오렌지주스 5g

영양소 함량 **77** kcal

탄수화물　18.2g
단백질　2.6g
지방　0.2g
나트륨　20mg

이렇게 만들어보세요

1 멜론의 껍질을 발라내어 1인치 정도의 정육각형으로 썰고 [a], 사과와 바나나는 껍질을 벗기고 멜론과 같은 크기로 썬다. 오렌지는 칼로 껍질을 도려내고 속살만 잘라낸다 [b].

2 플레인 요구르트와 레몬주스, 오렌지주스를 섞어 드레싱을 만든다 [c].

3 볼에 과일을 넣어 섞고 드레싱으로 버무려 완성한다 [d].

Tip 다양한 계절과일을 활용하자.

단호박 수프

영양 만점 단호박과 고구마가
들어 있어 차가운 날씨에 마음까지
따뜻해지는 수프. 단호박은
비타민 A · B1 · B2 · C, 칼슘과
철분, 인 등의 미네랄이 균형 있게
들어 있어 성장기 아이와 몸이
허약한 아이에게 최고의 영양식이다.

이렇게 준비하세요 2인분

버터 2g, 마늘 1g, 양파 10g, 샐러리 5g,
생강 1g, 닭육수 100g, 단호박 50g,
고구마 15g, 우유 10g, 라임주스 1g,
생크림 5g, 소금 · 후춧가루 적당량씩

영양소 함량 102 kcal

탄수화물　16 g
단백질　3.1 g
지방　3.8 g
나트륨　46 mg

이렇게 만들어보세요

1 냄비에 버터를 녹인 후 마늘, 양파, 샐러리, 생강을 넣고 볶는다[a].

2 양파와 샐러리가 부드러워지면 닭육수를 넣고 단호박, 고구마를 넣어 단호박이 부드러워질 때까지 은근히 끓인다[b].

3 단호박과 고구마가 다 익으면 믹서에 넣고 부드러운 상태가 되도록 간다[c].

4 다시 냄비에 넣어 중간불로 끓이며 우유, 라임주스, 소금, 후춧가루, 생크림을 넣어 마무리한다[d].

Tip 라임주스는 기호에 따라 생략해도 된다.

a

b

c

d

영양소 함량 223 kcal
탄수화물 49.3g
단백질 2.8g
지방 4.3g
나트륨 10mg

곶감 샐러드

비타민 A · C, 칼슘, 단백질이 풍부한 감을 이용한 샐러드.
감은 곶감으로 가공되면 비타민 A가 7배, 비타민 C가 1.5배나 높아진다.
과일, 밤, 잣, 호두 등을 곶감에 넣은 보기도 좋고 먹기도 좋은 샐러드로 아이를 사로잡자.

🍳 이렇게 준비하세요 **3인분**

곶감 40g, 호두살 5g, 배 40g, 사과 25g,
밤 10g, 잣 1g
유자청 소스 유자청 10g, 레몬즙 4g, 꿀 5g,
플레인 요구르트 10g

a b c d

🍲 이렇게 만들어보세요

1 곶감은 씨를 빼고 가위로 자른 다음 밀대로 밀어 편다.

2 손질한 곶감에 호두살을 넣고 말아 곶감 쌈을 완성한 후 랩으로 싸서 냉동실에
보관한다[a].

3 사과와 배는 깨끗하게 씻어 껍질을 벗긴 후 1.5cm 정육면체로 썰어 설탕물에 담
근다[b].

4 밤은 속껍질을 벗긴 후 편으로 썰어 설탕물에 담근다.

5 유자청, 레몬즙, 꿀, 플레인 요구르트를 섞어 소스를 만든다[c].

6 냉동실에서 곶감을 꺼내 0.5cm 두께로 썬다[d].

7 사과, 배, 밤의 물기를 제거하여 그릇에 담고 그 위에 잣과 곶감 쌈을 올린 후 소
스를 뿌린다.

알파벳 수프

재미있는 알파벳 모양의 파스타가
우선 아이의 눈길을 끄는 수프.
샐러리는 섬유질이 듬뿍 들어 있어
변비를 없애주고, 콜레스테롤
수치를 떨어뜨려 노화·암 예방에도
도움을 준다. 어렸을 때부터
우리 아이 백년 건강을 챙기자.

이렇게 준비하세요 2인분

양파(1cm 정사각형) 14g,
샐러리(1cm 정사각형) 7g,
당근(1cm 정사각형) 7g, 다진 마늘 1g,
식용유 1g, 닭육수 150g, 후춧가루 적당량,
소금 적당량, 월계수잎 적당량,
알파벳 파스타 20g

영양소 함량 109 kcal

탄수화물　17.4 g
단백질　4.6 g
지방　2.1 g
나트륨　36 mg

이렇게 만들어보세요

1 냄비에 기름을 두르고 중간불로 가열한다.
2 냄비에 양파, 샐러리, 당근을 넣고 저어주어 색이 나지 않도록 부드러워 질 때까지 볶는다[a]. 채소가 익을 때 쯤 마늘을 넣어 볶는다[b].
3 닭육수, 후춧가루, 월계수잎을 넣고 끓인다[c].
4 중불로 불을 줄이고 35분 정도 은근하게 끓인다.
5 여기에 알파벳 파스타를 넣고 약 10분간 저어주며 끓여 익힌다.[d] 마지막에 소금으로 간한다.

Tip 알파벳 파스타를 넣고 지나치게 오래 가열하면 파스타 모양이 파괴될 수 있으므로 주의한다.

새우완자탕

간과 신장에 좋아 '간의 채소'라
불리는 부추. 혈액순환을 돕고
신진대사를 활발하게 하여 몸이 찬
아이에게 제격이다. 부추와 새우살을
다져서 먹기도 쉽고 건강에도 좋은
일석이조 요리이다.

⏲ 이렇게 준비하세요 **3인분**

새우살 40g, 달걀흰자 5g, 전분 4g,
불린 당면 10g, 팽이버섯 10g, 부추 5g,
홍고추 3g, 닭 육수 70g, 국간장 1g,
다진 마늘 2g, 소금 적당량,
흰 후춧가루 적당량

🥘 영양소 함량 **87 kcal**

탄수화물　9.3 g
단백질　9.9 g
지방　1.1 g
나트륨　205 mg

🍲 이렇게 만들어보세요

1 곱게 다진 새우살에 소금, 흰 후춧가루로 밑간하고 달걀흰자, 전분을 넣어
치댄 후 지름 2cm 정도의 완자를 만든다[a].

2 불린 당면, 팽이버섯, 부추는 5cm 길이로 자르고 홍고추는 2cm 길이로 채썬
다[b].

3 냄비에 닭 육수를 넣어 끓이다가 물이 끓기 시작하면 1의 완자를 넣고[c] 불을
줄여 끓인다. 완자가 떠오르면 불린 당면, 팽이버섯, 부추, 홍고추 순으로
넣고 다진 마늘, 국간장, 소금으로 간하여 낸다[d].

Tip 새우 대신 흰살생선으로 만들어도 가능하다.

a
b
c
d

영양소 함량 43 kcal
탄수화물 3.2g
단백질 4.9g
지방 1.7g
나트륨 200mg

배추 맑은국

배추의 연한 속대를 이용해서 영양만점 국을 만들자.
배추의 비타민 C는 갑자기 내장에 열이 오르는 것에 효과적이며, 칼슘은 뼈대를 형성시키고
산성을 중화시켜 장수를 돕는다. 구수한 향이 있는 배추 맑은국만 있으면 한끼 식사 준비 끝.

이렇게 준비하세요 **3인분**

연배추 35g, 연두부 20g, 채 썬 홍고추 2g,
채 썬 대파 3g, 쇠고기 양지 15g, 다시마 2g,
물 70g, 국간장 1g, 다진 마늘 2g,
소금 적당량, 후춧가루 적당량

a
b
c
d

이렇게 만들어보세요

1 연배추는 3cm 폭으로 자른다[a].

2 연두부는 사방 1.5cm의 정육각형으로 썬다.

3 홍고추는 채 썰고 대파는 어슷하게 썬다.

4 쇠고기는 찬 물에 담가 핏물을 뺀 뒤 얇게 썰고 다시마는 1cm 간격으로 가위집
   을 넣는다.

5 냄비에 쇠고기와 다시마를 넣고 물을 부어 끓인다. 국물이 끓어오르면 다시마를
   건져 내고 중간불로 줄인 후, 쇠고기 국물이 구수하게 우러나면 면보에 거른다[b].

6 5의 쇠고기 국물에 연배추를 넣어 끓이다가 배추가 부드럽게 익으면 국간장과
   다진 마늘, 소금, 후춧가루로 맛을 낸다[c].

7 6에 연두부와 홍고추, 대파를 넣고 한소끔 더 끓인다[d].

Tip
필요하면 된장을 약간 첨가해도 좋
다. 연배추는 배추의 속으로 연한
부분을 이용한다.

영양소 함량 76 kcal
탄수화물 7.1g
단백질 5.8g
지방 3.0g
나트륨 87mg

영양달걀찜

달걀에 채소, 새우, 밤, 죽순을 넣어 더욱 영양이 풍부해진 달걀찜.
죽순은 단백질, 비타민 B, C, 섬유소, 팩틴 등의 영양소가 풍부하여
생리 기능에 좋고 장의 연동을 촉진시켜 변비를 해소하고 이뇨 작용으로 신장을 강화시킨다.

이렇게 준비하세요 **2인분**

죽순 5g, 밤 5g, 찐 어묵 5g, 건 표고버섯 3g,
은행 5g, 새우 5g, 잣 1g, 달걀 20g, 쑥갓 1g,
닭 육수 50g, 소금 적당량

이렇게 만들어보세요

1 죽순은 빗살을 살려 썰고 밤은 껍질을 벗겨 4등분한다. 찐 어묵도 얇게 썰고 표
고는 미지근한 물에 불려서 어슷하게 4등분한다**a**.

2 볼에 달걀을 깨서 달걀 부피의 2.5배의 멸치 육수를 넣은 후 소금으로 간을 맞춰
거품기로 잘 풀어 체에 내린다**b**.

3 끓는 물에 은행, 죽순, 밤, 새우 순으로 데친다**c**.

4 데쳐 낸 은행은 껍질을 벗기고 새우는 머리와 껍질을 제거한다.

5 찜용기에 준비한 속 재료들을 담고 준비한 달걀 물을 부어 찜통에서 약 12분간
쪄낸다**d**.

Tip
찜통이 없는 경우 냄비에 중탕하도
록 한다.

채소과일 돌구이

고구마는 각종 비타민과 무기질, 양질의
식이섬유가 함유되어 있는 건강 재료.
채소와 과일을 기름지지 않는
구이로 만들어 입도 즐겁고
몸도 즐거운 우리 아이 안심 간식이다.

이렇게 준비하세요 **3인분**

단호박 30g, 고구마 30g, 오렌지 30g,
소금 적당량

이렇게 만들어보세요

1 냄비 전체에 작은 돌을 깔고 돌이 뜨거워질 때까지 불에 올려 놓는다.

2 단호박, 고구마, 오렌지를 0.5cm의 두께로 잘라[a] 표면에 소량의 소금을 뿌
려 둔다[b].

3 2를 돌 위에 올려 뚜껑을 닫고 약한 불에서 속이 익을 때 까지 굽는다[c].

4 소금, 된장 소스, 참깨 소스 등 취향에 맞는 소스를 골라 찍어 먹는다.

Tip 조직이 단단한 과일과 채소를 사용하는 것이 적당하다.
된장 소스 된장, 설탕, 참깨, 참기름, 땅콩버터를 섞어 만든다.
참깨 소스 식초, 땅콩버터, 깨소금, 소금, 설탕을 섞어 만든다.

영양소 함량 **71** kcal

탄수화물　18.2g
단백질　1.2g
지방　0.2g
나트륨　5mg

유부 달걀찜

아이 키를 쑥쑥 키우는 안심 반찬.
멸치는 뼈를 튼튼하게 하는 칼슘과
인의 함량이 높고, 콜레스테롤
함량과 혈압을 낮추는 타우린도
들어 있다. 아이뿐만 아니라 엄마,
아빠에게도 영양만점이다.

이렇게 준비하세요 3인분

유부 8g, 달걀 30g, 당근 7g, 닭 육수 50g,
간장 3g, 설탕 2g, 소금 적당량

영양소 함량 87 kcal

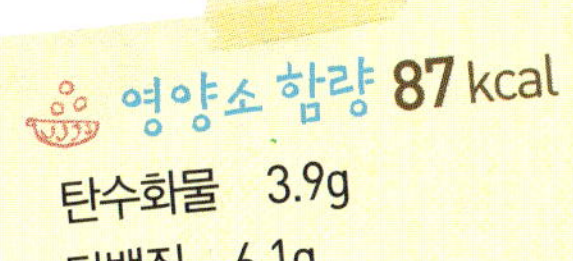

탄수화물　3.9g
단백질　6.1g
지방　5.4g
나트륨　209mg

이렇게 만들어보세요

1 유부는 윗면을 살짝 잘라내고 입을 벌려 주머니를 만들어 끓는 물에 데쳐
　냉수에 헹구고, 당근은 곱게 다진다[a].
2 달걀을 그릇에 깨어 다진 당근과 소금을 넣고 조심스럽게 혼합한 후 데친
　유부 속에 넣어 꼬지로 주름을 잡아 유부 끝부분을 마무리한다[b].
3 냄비에 멸치 육수와 간장, 설탕, 소금을 넣고 준비된 유부를 넣어 10분정도
　끓인다[c].
4 꼬지를 빼내고 대각선으로 반을 자른다[d].

Tip 달걀 노른자의 형태가 유지되도록 주의한다.

a

b

c

d

찰어묵찜

EPA라는 불포화지방산이 있어
콜레스테롤로 인한 성인병을
예방할 수 있는 어묵이 듬뿍 들었다.
어묵 사이에 새우살을 다져 맛있게 쪄
낸 담백하고 간단한 안심 메뉴이다.

이렇게 준비하세요 2인분

찰어묵 50g, 새우살 20g, 전분 5g
양념 다진 마늘 2g, 참기름 1g, 깨소금 1g,
청주 1g, 소금 · 후춧가루 적당량씩

이렇게 만들어보세요

1 찰어묵을 2cm두께로 썬 후 가운데 칼집을 넣는다 [a].
2 새우살은 곱게 다져 양념 재료를 넣고 잘 버무린다 [b].
3 찰어묵의 칼집 사이에 전분을 묻히고 준비된 새우살을 끼워 넣는다 [c].
4 김이 오른 찜통에 10분간 쪄 낸다 [d].

Tip 여러 종류의 어묵이 있으므로 이를 활용하여 다양한 메뉴를 만들어 보자.

영양소 함량 103 kcal

탄수화물   11.0g
단백질   9.4g
지방   2.2g
나트륨   397mg

홍시생밤무침

달콤한 홍시와 성장에 좋은 밤이 들어
있어 향긋하게 입맛을 살리는 무침.
특히 비타민 C가 들어
있어 피부와 피로회복, 감기 예방에
좋다. 한 겨울에도 우리 아이
기침 없이 씩씩하게 키우자.

🍳 이렇게 준비하세요 **2인분**

홍시 40g, 바나나 40g, 생밤 10g,
대추 5g, 호두 5g

🍲 영양소 함량 **118** kcal

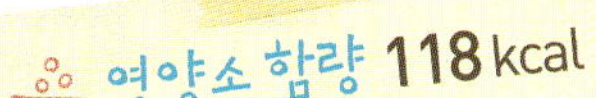

탄수화물	22.3 g
단백질	2.1 g
지방	3.7 g
나트륨	6 mg

🍲 이렇게 만들어보세요

1 홍시는 과육을 제거하여 으깨고 **a** 바나나는 체에 내려 홍시와 섞는다 **b**.
2 생밤은 납작납작하게 썰고, 대추는 돌려 깎아 씨를 제거하고 채 썬다 **c**.
3 1과 2, 호두를 한데 섞어 무쳐서 그릇에 담는다 **d**.

Tip 아이의 약한 이에 무리를 주지 않도록 생밤의 크기는 너무 크지 않도록 주의한다.

사과 포도 주스 조림

포도는 비타민과 미네랄이 풍부하다.
사과를 포도주스에 넣어 부드럽게
졸인 사과 포도주스 조림으로
달콤한 휴식 시간을 연출해 보자.

이렇게 준비하세요 **3인분**

사과 60g, 포도주스 60g, 계피가루 2g,
아이스크림 30g

이렇게 만들어보세요

1 사과는 씨를 통째로 제거하고 2cm 두께로 썬다ᵃ.

2 냄비에 사과를 넣고 사과가 잠길 정도로 포도주스를 부어 중불에서 서서히 졸인다ᵇ.

3 조려진 사과를 냉장고에 넣어 시원하게 한다.

4 접시에 사과를 담고 계피가루를 위에 뿌린 후ᶜ 아이스크림을 떠서 사과위에 얹는다ᵈ.

Tip 사과는 물이 많고 조직이 단단한 것을 사용한다.

영양소 함량 **135** kcal

탄수화물　25.1g
단백질　1.8g
지방　4.2g
나트륨　25mg

a

b

c

d

고구마경단

곱게 간 고구마를 동그랗게 빚어
카스텔라 가루를 묻힌 부드럽고
달콤한 경단. 충치와 잇몸 질환을
방지하는 건포도도 함께 넣어
아이의 치아 건강에 도움을 준다.

이렇게 준비하세요 2인분

고구마 50g, 카스텔라 20g, 우유 5g,
버터 2g, 꿀 3g, 건포도 20g, 소금 적당량

영양소 함량 209 kcal

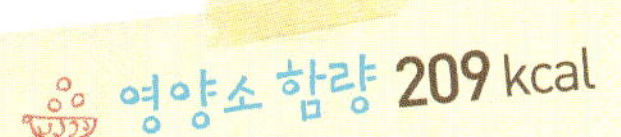

탄수화물	44g
단백질	2.7g
지방	3.5g
나트륨	51mg

이렇게 만들어보세요

1 고구마를 찜통에 쪄서 껍질을 벗기고 체에 곱게 내린다[a].

2 카스텔라는 윗면의 갈색 부분을 잘라내고 믹서에 곱게 갈아 가루로 준비한다[b].

3 체에 내린 고구마에 우유와 버터, 꿀, 소금을 넣고 섞어 반죽을 한 후 속에 건포도를 1~2개 넣고[c] 동그란 경단으로 빚어 카스텔라 가루를 묻힌다[d].

Tip 고구마는 밤고구마를 선택하는 것이 반죽의 농도를 조절하기 좋다.

a b c d

영양소 함량 150 kcal
탄수화물　20.6g
단백질　7.1g
지방　4.9g
나트륨　190mg

두부깻잎과자

비타민 C가 풍부한 깻잎과 두부를 밀가루로 반죽을 하여 만든 맛있는 과자.
멜라닌이 걱정되는 요즘, 우리 아이를 위해 당분은 적고 몸에는 좋은 건강 과자를 만들어 보자.

이렇게 준비하세요 **4인분**

두부 30g, 깻잎 10g, 밀가루(박력분) 10g,
베이킹파우더 2g, 설탕 10g, 달걀 20g,
검은깨 3g, 소금 적당량

이렇게 만들어보세요

1 두부는 면보를 이용해 물기를 꼭 짠 후 곱게 으깨고 깻잎은 곱게 채 썰어 준비한
다.

2 밀가루와 베이킹파우더를 섞어 체에 내린다.

3 으깬 두부를 볼에 담고 설탕, 달걀, 검은깨를 넣고 거품기로 잘 저어주고 채 썬
깻잎을 넣어[a] 다시 한 번 섞은 후 2의 밀가루를 넣고 매끈하고 말랑말랑한 반죽
을 한다[b].

4 도마에 밀가루를 살짝 뿌리고 완성된 반죽을 밀대를 이용해 2mm 두께로 민 후[c]
너비 1cm, 길이 4cm의 직사각형으로 자른다[d].

5 자른 반죽을 오븐팬에 올려 180℃로 예열된 오븐에 10분간 구워낸다.

영양소 함량 **67** kcal

탄수화물　11.9g
단백질　2.8g
지방　1.7g
나트륨　2.5mg

두부양갱

예쁜 색을 내는 백년초는 비타민 C가 많고 기관지, 천식을 다스려 준다.
천연 재료인 치자와 백년초를 넣어 향긋하고, 두부를 넣어 몸에 좋은 양갱은 가족 건강 간식으로 손색이 없다.

이렇게 준비하세요 3인분

치자 2g, 백련초가루 1g, 두부 30g, 한천 2g,
설탕 10g, 물 40g

이렇게 만들어보세요

1 치자는 따뜻한 물에 담가 색을 우려내고, 백련초가루는 물에 풀어 준비한다.

2 두부는 면보에 물기를 짠 다음 칼로 으깬다[a].

3 두개의 냄비에 한천을 필요량 만큼 넣고 1을 각각 넣어 30분 정도 불린다[b].

4 두 냄비에 으깬 두부를 반씩 나누어 넣고 설탕을 넣은 후 고루 섞는다[c].

5 4를 모양 틀에 채워 냉장고에서 굳혀 양갱이를 만든다[d].

6 양갱이 굳으면 틀 째 미지근한 물에 담가 뒤집어서 뺀다.

Tip
한천은 사용하기 전에 미지근한 물에 불려서 사용하는 것이 좋다.

멸치누룽지과자

뼈를 튼튼하게 하는 칼슘이 풍부한
멸치로 만든 고칼슘 누룽지 과자!
고소한 맛이 일품인
누룽지과자는 아이는 물론
어른 건강 간식으로도 제격이다.

이렇게 준비하세요 **5인분**

밥 70g, 잔멸치 20g, 통깨 5g, 설탕 5g

이렇게 만들어보세요

1 잔멸치는 잡티를 제거하고 기름을 두르지 않은 팬에 살짝 굽는다[a].

2 고슬고슬하게 지은 밥에 볶은 잔멸치와 통깨, 설탕을 넣고 고루 섞는다[b].

3 사각 틀에 2를 넣고 랩을 씌어 밀대로 평평하게 밀어 바람이 잘 통하는 곳에
서 건조시킨다[c].

4 175℃로 예열된 오븐에서 밥이 바삭해질 때까지 굽는다[d].

5 먹기 좋은 크기로 부숴 접시에 담고 설탕을 뿌려낸다.

영양소 함량 **191** kcal

탄수화물	29.4g
단백질	11.6g
지방	4.0g
나트륨	177mg

홍시 셰이크

아이가 탄산음료만 좋아해서
걱정이라면? 다양한 맛의 오미자와
단맛의 홍시가 어우러지는
홍시 셰이크를 만들어 보자.
오미자는 단맛, 짠맛, 신맛, 쓴맛,
매운맛이 나는 매력의 열매.

🍳 이렇게 준비하세요 2인분

냉동홍시 70g, 오미자 5g, 물 35g, 레몬즙 4g,
꿀 5g, 민트 1g

🍚 영양소 함량 70 kcal

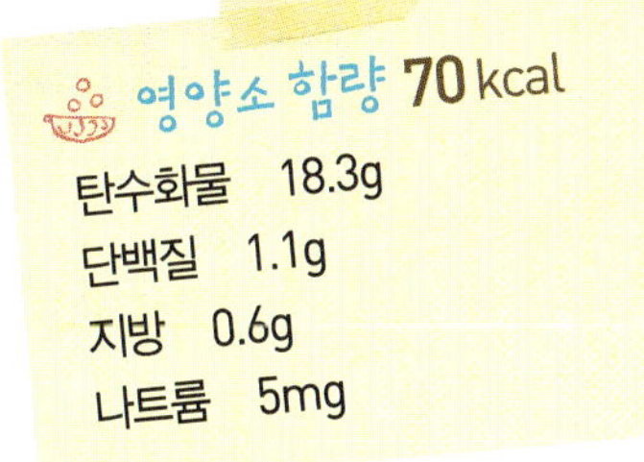

탄수화물	18.3g
단백질	1.1g
지방	0.6g
나트륨	5mg

🍲 이렇게 만들어보세요

1 냉동 홍시의 껍질을 벗겨 씨를 빼고 잘게 자른다.

2 오미자를 7배의 물에 8시간 이상 우려 맛과 색이 우러나오도록 한다.

3 믹서에 홍시, 오미자물, 꿀[a], 레몬즙을 넣어 함께 갈아준다[b].

4 홍시 셰이크를 컵에 담고 민트를 올린다[c].

Tip 오미자는 실온에서 우리는 것이 좋으며 유리나 사기그릇에서 우려낸다.

채소 볶음

채소를 싫어하는 아이가 맛있게
채소를 먹을 수 있는 방법.
중국식 채소볶음은 기억력을
높여 주는 산마와 향긋한 버섯을
함께 넣어 편식하는 아이도
맛있게 먹을 수 있다.

이렇게 준비하세요 **2인분**

감자 20g, 양송이버섯 15g, 당근 15g,
건 목이버섯 5g, 산마 10g, 참기름 1g, 마늘 1g,
물전분 6g, 육수 6g, 식용유 2g, 소금 적당량

영양소 함량 **91** kcal

탄수화물	15.4g
단백질	2.4g
지방	3.1g
나트륨	10mg

이렇게 만들어보세요

1 감자와 마늘을 2cm의 정육각형으로 자르고 양송이버섯은 4등분하여 손질
한다.

2 산마는 끓는 물에 데쳐낸다.

3 기름을 두른 팬을 가열한 후 당근, 감자, 데친 마를 넣고 볶다가[a] 육수를 넣는
다[b].

4 육수가 끓으면 양송이버섯과 목이버섯을 넣고 소금으로 간을 한다[c].

5 물전분으로 농도를 맞추고 참기름을 넣어 향이 나게하여 마무리한다[d].

a

b

c

d

복숭아화채

한국 고유 음료인 화채로 우리 아이에
게 한국의 맛을 가르쳐 주자.
복숭아는 면역력을 길러주고 식욕을
돋워주며 발육 불량 및 야맹증에 좋고
과육에 포함된 다량의 아스파라긴산이
간 기능을 활성화 시킨다.

이렇게 준비하세요 **2인분**

오미자 5g, 천도복숭아 30g, 배 10g,
설탕 10g, 물 45g, 잣 1g
설탕시럽 설탕과 물을 동량으로 하여 중불에서
서서히 녹인다. 기호에 맞게 만든다.

영양소 함량 **73** kcal

탄수화물	16.7g
단백질	1.3g
지방	1.2g
나트륨	2mg

이렇게 만들어보세요

1 오미자를 7배의 물에 8시간 담가 맛과 색이 우러나도록 한다.

2 천도복숭아는 사방 0.5cm의 정육각형으로 썰어 설탕을 뿌려 30분 정도 절
인다[a].

3 배를 모양틀에 찍어 0.3cm 두께로 썰어 설탕에 절여둔다.

4 오미자 국물을 면보에 거르고 시럽으로 단맛을 맞춘다[b].

5 4에 천도복숭아와 배를 넣고[c] 잣과 얼음을 띄워 낸다[d].

Tip 오미자는 분이 나고 잘 마른 것을 구매한다.

SPAGE

균형 잡힌 영양을 위한

아동기 밥상

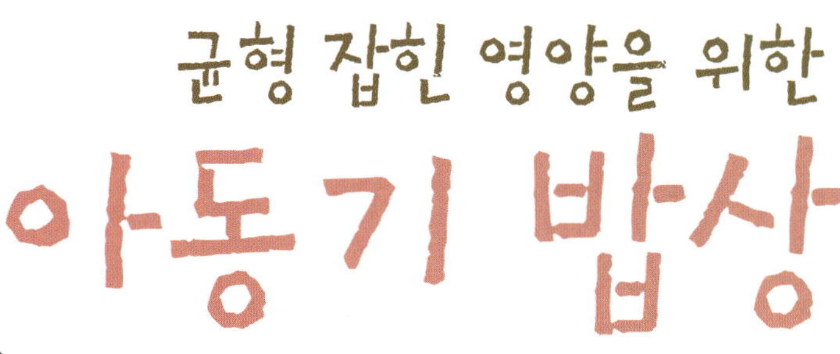

PART 2 From 7 years to 12 years

7세부터 사춘기 변화가 시작될 때까지를 말하는 아동기는 신체 활동량이 증가하여 에너지 필요량이 급증하며, 질병에 대한 저항력과 소화 능력이 성인 수준으로 향상되는 시기이다. 이때는 식습관이 비교적 쉽게 변화가 이루어지는 아직 미완성 단계로 올바른 식행동이나 식습관을 갖도록 지도하기에 적합하다. 아동기에는 성장과 건강을 위해 다양한 식품 선택과 균형 잡힌 영양소와 섭취가 필수. 충분한 열량과 동물성 단백질 및 칼슘을 섭취할 수 있게 해야 한다. 또 아동기 후반에는 빈혈 방지를 위해 철 함유 식품을 충분히 공급하는 것이 좋다.

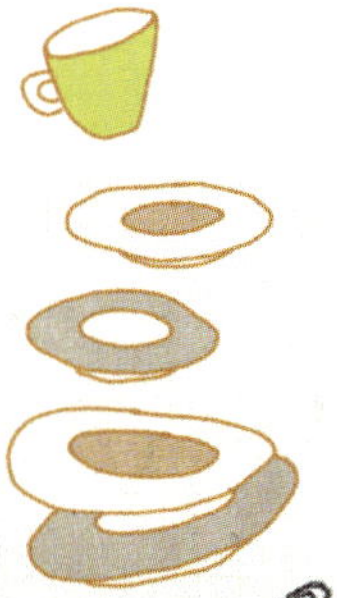

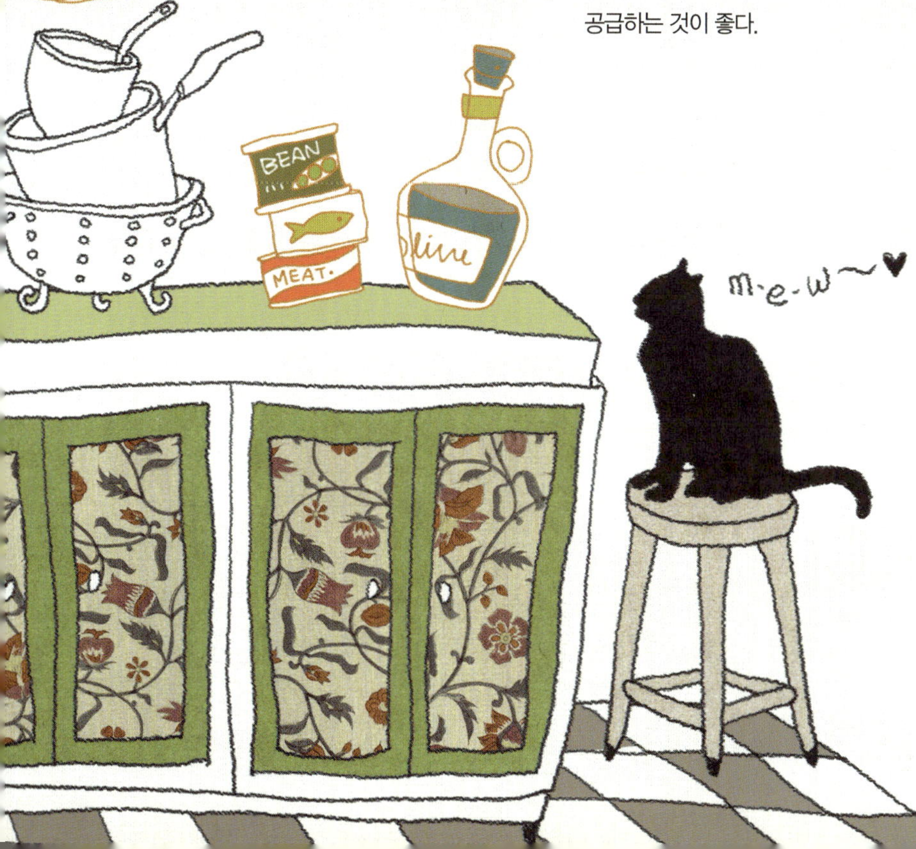

PASTA
영양소 함량 300 kcal
탄수화물 48.9g
단백질 10.6g
지방 5.8g
나트륨 121mg

구슬파스타

이탈리아식 국수 파스타로 특별 건강식에 도전해 보자. 피를 맑게 하는 가지와 호박, 당근, 무를
예쁜 모양으로 파서 채소도 듬뿍 섭취할 수 있다. 아이와 함께 채소를 동그랗게 만드는 것도 재미있다.

이렇게 준비하세요 2인분

돼지호박 파리지엔 · 당근 파리지엔 · 무 파리지엔 · 단호박 파리지엔 ·
가지 파리지엔 5g씩, 스파게티면 60g, 양파 10g, 베이컨 10g,
마늘 2g, 달걀노른자 5g, 생크림 5g, 파마산치즈 2g,
다진 파슬리 1g, 소금 적당량, 흰후춧가루 적당량, 올리브오일 5g

a

b

c

d

이렇게 만들어보세요

1 멜론볼러로 파낸 호박, 당근, 무, 가지를 데쳐서 준비한다.

2 냄비에 물을 넣고 소금, 기름을 약간 넣어 끓인다. 스파게티면을 넣고 몇 번
휘저어 면이 잘 풀어지도록 삶는다. 면이 씹기 부드럽고 어느 정도 질감을 가
질 때 까지 삶는다.

3 스파게티면을 체에 부어 물기를 빼내고 올리브오일은 약간 넣고 고루 섞어 면
이 서로 달라붙지 않도록 한다[a].

4 버터나 기름을 소스 팬에 가열시킨 후 다음 베이컨을 넣고 기름이 배어나올 때
까지 3~4분 정도 볶고 나서 양파와 마늘을 넣어 볶는다. 삶은 스파게티면을
넣고 뜨거워질 때까지 볶는다[b].

5 면이 뜨거워지면 1의 채소들을 넣어 같이 볶는다.

6 달걀노른자에 생크림과 파마산치즈를 섞고, 5에 넣어준다. 완전히 가열이 될
때 까지 저어주면서 부드럽게 조리한다. 달걀이 굳어 덩어리가 생기지 않도록
살짝만 익히며 소금과 후춧가루로 간을 맞춘다[c].

7 기호에 따라 다진 파슬리와 파마산치즈를 뿌려 뜨거운 접시에 낸다[d].

Tip
파리지엔은 작은 구슬 모양을 할
수 있는 도구를 구매하여 이용하
며, 큰 것을 구매하면 4등분하여
사용한다.

영양소 함량 215 kcal
탄수화물 35.1g
단백질 15.3g
지방 2.8g
나트륨 168mg

레몬이 들어간 새우케밥

항상 감기를 달고 사는 아이에게 더없이 좋은 영양식. 레몬은 비타민 C가 들어 있어 체온이 내려가는 것을 막아주고 피부와 점막을 튼튼하게 만들며 세균에 대한 저항력을 높여 겨울철 감기 예방에 효과가 있다. 레몬이 듬뿍 든 새우 케밥으로 영양도 감기 예방도 한번에 해결해 보자.

이렇게 준비하세요 2인분

새우 60g, 꿀 7g, 밥 80g, 홍고추 5g, 올리브오일 2g, 마늘 1g, 생강 1g, 대나무 꼬치
살사 토마토 20g, 오이 15g, 홍고추 5g, 라임주스 3g, 라임제스트 1g

a

b

c

d

이렇게 만들어보세요

1 새우는 꼬리 부분을 남겨두고 껍질을 벗기고 내장을 제거하고 꼬치는 물에 담 가둔다.

2 고추는 다지고, 라임제스트를 준비하고, 토마토는 껍질을 벗겨 과육만 준비해 둔다. 생강은 다져놓는다.

3 유리볼에 꿀, 고추, 마늘, 생강을 넣고 잘 섞는다[a].

4 꼬지는 물기를 제거하고, 1에 준비해 둔 새우를 꽂고, 4로 양념 한다[b].

5 유리볼에 토마토콩카세, 오이, 양파, 고추, 라임주스와 제스트를 넣고 잘 섞어 서 살사를 만든다[c]. 라임이 없으면 레몬을 사용해도 된다.

6 팬에 양념 한 새우를 굽는다[d].

7 접시에 밥을 담고 그 위에 구운 새우를 얹은 후 살사를 올려 마무리한다.

> **Tip**
> 콩카세 토마토의 껍질과 씨를 제거한 나머지 부분으로 질긴 질감과 쓰고 신맛을 제거한다.
> 제스트 레몬이나 라임의 껍질.

영양소 함량 374 kcal
탄수화물   63.8g
단백질   13.9g
지방   5.0g
나트륨   524mg

롤피자

요즘 아이들이 무척 좋아하는 피자, 시켜 먹기는 의심스럽고
만들어 먹기는 어려웠다면 간단한 롤피자에 도전해보자!
롤피자는 비타민이 풍부한 피망을 넣어 건강에도 좋고, 크기도 적당해 먹기도 편하다.

이렇게 준비하세요 2인분

밀가루중력분 80g, 이스트 2g, 따뜻한 물 20g,
소금 1g, 올리브오일 1g, 청피망 10g,
홍피망 10g, 베이컨 5g, 양파 10g, 양송이 5g,
토마토소스 5g, 모짜렐라 치즈 12g, 바질 1g,
오레가노 1g, 파마산치즈 2g

a   b   c   d

이렇게 만들어보세요

1 볼에 밀가루를 담고 가운데에 웅덩이를 만들어 따뜻한 물을 넣고 이스트를 넣어 녹인 후 소금을 넣고 밀가루를 조금씩 섞으며 반죽을 한다. 반죽이 하나로 뭉쳐지면 랩으로 싸서 따뜻한 곳에서 30분 정도 발효시킨다. 발효된 반죽을 밀대를 이용하여 넓게 편다[a].

2 청, 홍피망은 꼭지부분을 썰어내고, 링 모양으로 썰어 심지를 제거한다. 베이컨, 양파, 양송이는 슬라이스 한다.

3 넓게 핀 반죽을 오븐용 팬에 옮기고 반죽 위에 토마토소스를 바르고 준비된 재료들과 피자치즈를 편편하게 올려준다[b].

4 반죽을 말아서[c] 윗부분에 칼로 칼집을 넣은 후 175℃로 예열된 오븐에 구워 완성한다[d].

> **Tip**
> 피자 반죽을 발효시키기 어려울 때에는 토르티야나 바게트빵을 이용해도 좋다.

서양식 시리얼

단백질, 섬유소, 비타민 B1이 많아 영양이 풍부한 오트밀에 과일과 요거트를 곁들인 시리얼, 뮤즐리. 한끼 식사로 영양만점 식품이다.

🔖 이렇게 준비하세요 **2인분**

오트밀 15g, 꿀 5g, 플레인 요거트 18g, 아몬드 5g, 사과 8g, 건포도 4g, 우유 30g, 계피가루 적당량, 바나나 10g, 키위 10g

🍲 이렇게 만들어보세요

1 아몬드는 기름을 두르지 않은 팬에 볶아 옅은 갈색이 나도록 한다. 사과는 껍질을 제거하고 정육각형으로 썬다. 바나나와 키위는 껍질을 제거하고 사과와 같은 크기로 썬다[a].

2 볼에 꿀, 플레인 요거트, 우유를 넣고 잘 섞는다[b].

3 깨끗한 볼에 오트밀을 담고 2를 넣어 잘 섞어준 후[c] 준비된 과일과 아몬드, 건포도를 올리고 기호에 따라 계피가루를 뿌려낸다[d].

Tip 꿀대신 기능성 당류인 올리고당을 이용하면 칼로리를 줄이고 장내 유산균을 증가시킬 수 있다.

🥣 영양소 함량 **159 kcal**

탄수화물　25.8g
단백질　5.2g
지방　4.8g
나트륨　27mg

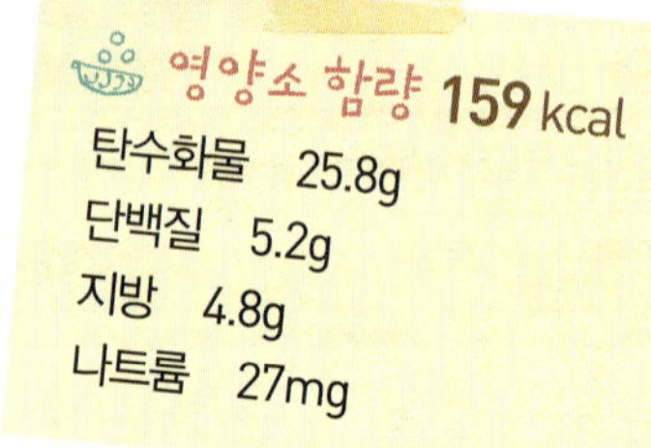

a　b　c　d

레몬, 파슬리 빵가루를 입힌 도미

도미는 '흰살생선의 왕' 이라 불릴 만큼
맛과 영양이 뛰어난 생선.
간장, 신장, 위장의 기능을 좋게 하고
식욕을 증진시켜 체질이 허약한
아이에게 제격이다.

이렇게 준비하세요 1인분

도미 40g, 다진 마늘 2g, 빵가루 10g,
버터 1g, 레몬주스 3g, 레몬제스트 2g,
다진 파슬리 2g, 소금·후춧가루 적당량씩

영양소 함량 88 kcal

탄수화물　8.4g
단백질　10.0g
지방　1.7g
나트륨　62mg

이렇게 만들어보세요

1 도미에는 소금과 후춧가루로 밑간을 해둔다[a].
2 버터를 두른 팬에 다진 마늘을 넣어 마늘 향을 낸 버터물을 만든다[b].
3 2에 빵가루를 섞어 믹싱볼로 옮겨 담고 파슬리 다진 것, 레몬주스, 레몬
　제스트, 소금, 후춧가루를 넣고 주걱으로 잘 섞는다[c].
4 도미를 양념하고 도미 위에 3을 얹어 오븐에서 구워 완성한다[d].

Tip 제스트 레몬, 오렌지 등의 껍질을 가늘게 잘라 다진 것을 말한다.

a　b　c　d

영양소 함량 294 kcal
탄수화물   6.0g
단백질   17.9g
지방   21.0g
나트륨   36mg

사과와 양파를 곁들인 돼지등심요리

단순한 돼지고기요리는 가라~ 사과와 양파를 넣어 상큼한 돼지등심요리가 왔다.
돼지등심은 지방이 적어 다이어트 음식으로 좋고 불포화지방산이 많아 동맥경화에 좋다.
또 인, 칼슘, 각종 미네랄이 풍부하여 우리 아이 성장에 도움을 준다.

이렇게 준비하세요 **2인분**

돼지등심 100g, 건 오레가노 1g,
건 바질 1g, 올리브오일 1g, 양파 15g,
사과 20g, 소금 적당량, 통후추 2g

a b c d

이렇게 만들어보세요

1 돼지등심은 4cm정도 두께로 썰어서 준비해 둔다.

2 볼에 건오레가노, 건바질, 소금, 통후추 간 것을 섞어 허브 믹스를 만들어 돼
지고기 등심에 골고루 묻힌다[a].

3 팬을 가열하며 올리브오일을 두르고 등심의 양면에 갈색을 낸다. 고기를 알루
미늄 호일에 싸서 오븐에서 완전히 익혀낸다[b].

4 양파는 슬라이스하고, 사과는 껍질과 씨를 제거한 후 얇게 슬라이스한다.

5 또 다른 팬에 기름을 두르고 고기가 완전히 익을 동안 양파와 사과를 엷은 갈
색이 나도록 볶아준다[c].

6 고기가 다 익었으면 꺼내서 적당한 두께로 썰고 볶은 양파와 사과를 곁들인다[d].

Tip
돼지고기는 종이타월을 이용하여
핏물을 제거한 후 사용하면 냄새가
적고 맛이 좋다.

영양소 함량 97 kcal
탄수화물 3.0g
단백질 11.2g
지방 4.2g
나트륨 24mg

살사를 곁들인 참치 오븐구이

똑똑한 우리 아이를 위해 건강 참치 요리를 만들어 주자.
마늘과 오레가노로 양념한 참치를 오븐에 구워 살사를 곁들인다.
특히 살사에 위장의 염증이나 설사에 효과적인 케이퍼를 넣으면 영양만점.

이렇게 준비하세요 1인분

참치살 40g, 건 오레가노 0.5g, 레몬 4g,
소금 적당량, 후춧가루 적당량, 마늘1g,
올리브오일 3g
케이퍼 살사 케이퍼 5g, 레드와인식초 2g,
설탕 2g, 레몬주스 1g, 레몬제스트 0.5g,
올리브오일 3.5g, 다진 마늘 1g,
다진 민트 0.5g

이렇게 만들어보세요

1 유리볼에 올리브오일, 마늘, 오레가노, 소금, 후춧가루를 잘 섞는다[a].

2 케이퍼는 짠 맛이 빠져나올 수 있도록 찬 물에 담가둔다.

3 레몬을 슬라이스하여 오븐 팬에 가지런히 담고 그 위에 참치살을 올린다.

4 참치 살 위에 1을 얹는다[b].

5 식초, 설탕, 레몬제스트, 레몬주스, 올리브오일을 넣고 거품기로 잘 저은 후
마늘을 넣고 물에 담가둔 케이퍼와 민트를 다져 넣고 잘 섞어준다.

6 4를 180℃로 예열된 오븐에 넣고 구워낸다[c].

7 완성된 요리에 5를 뿌려낸다[d].

> **Tip**
> 참치에는 불포화지방산이 많은 등
> 푸른 생선으로 뇌세포발달에 도움
> 을 준다.

영양소 함량 258 kcal
탄수화물   24.5g
단백질   14.7g
지방   11.5g
나트륨   196mg

새우로 속을 채운 리치와 감자튀김

열대과일 리치는 인도, 타이완, 베트남 등에서 생산되는 과일로
눈의 기능 향상과 혈관계 질환에 좋은 천연 색소 안토시안이 들어있다.
화려한 모양이 흥미를 끄는 리치와 감자튀김은 아이를 위한 특별한 파티에 제격이다.

이렇게 준비하세요 **3인분**

새우 60g, 달걀흰자 10g, 실파 5g, 전분 3g,
다진 물밤 15g, 소금 적당량,
후춧가루 적당량, 리치캔 35g, 감자 30g,
튀김기름 10g
소스 올리브오일 1g, 다진 양파 3g,
다진 생강 1g, 다진 마늘 1g, 고추기름 0.5g,
식초 3g, 설탕 1.5g, 소금·후춧가루 적당량,
전분 1g, 다진 레몬껍질 약간

이렇게 만들어보세요

1 새우는 잘게 다지고 달걀흰자, 소금, 후춧가루와 함께 섞어서 약 10분 정도 절여 간이 배도록 한다[a].

2 다진 물밤과 실파를 새우 혼합물과 섞어준 후, 종이타월을 이용해서 물기를 제거한 리치의 속을 채운다[b].

3 속이 채워진 리치에 전분을 묻혀서 기름에 튀긴다[c].

4 소스는 가열한 팬에 올리브 오일을 넣고 양파, 마늘, 생강 다진 것, 레몬껍질을 살짝 볶아준다. 여기에 물, 고추기름, 설탕, 소금, 후춧가루를 넣어서 간을 한 후 물전분(물:전분=1:1)으로 농도를 맞춘다[d].

5 감자는 껍질을 벗겨서 채칼의 가장 얇은 굵기로 썰어서 물에 담가 전분기를 뺀 후 튀긴다.

6 감자튀김을 접시에 깔고 리치를 올린다.

> **Tip**
> 물밤과 리치는 통조림을 사용할 수 있다.

영양소 함량 253 kcal
탄수화물 40.5g
단백질 9.4g
지방 6.4g
나트륨 110mg

수퍼브리토

브리토란 토르티야 안에 채소와 쇠고기, 콩, 토마토, 치즈 등을 넣고 네모로 접은 다음 오븐에 구워 먹는 요리이다. 피부에 좋은 아보카도와 몸에 좋은 토마토, 과일을 넣어 재미있게 만들어 보자.

이렇게 준비하세요 2인분

양파 10g, 할라피뇨 3g, 갈은 쇠고기 10g, 토마토 10g,
양상추 10g, 올리브오일 1g, 토르티야 8인치 30g, 아보카도 6g,
사워크림 3g, 소금 · 후춧가루 적당량
강낭콩 퓌레 강낭콩 40g, 베이컨 2g, 마늘 1g, 양파 10g,
건 바질 약간
살사 배 3g, 오렌지 3g, 레몬주스 2g, 파프리카 가루 1g

이렇게 만들어보세요

1 양파, 할라피뇨는 잘게 다진다. 토마토는 칼집을 내어 끓는 물에 데쳐 찬물에
담가 껍질을 벗긴다. 껍질 벗긴 토마토는 씨를 제거하고 잘게 썬다.

2 가열된 팬에 올리브오일을 두르고 잘게 썬 채소를 살짝 볶다가[a] 갈은 쇠고기
를 넣고 볶는다. 소금, 후춧가루로 간을 한다[b].

3 베이컨, 마늘, 양파는 곱게 썰고, 강낭콩 캔은 물기를 빼둔다. 가열된 팬에 베
이컨을 볶아 기름을 제거하고 마늘, 양파를 넣어 볶다가 강낭콩을 넣고 볶는
다. 건바질을 조금 넣고 소금, 후춧가루로 간을 한다. 볶은 강낭콩은 믹서에
갈아 퓌레상태로 만든다.

4 배, 오렌지는 1cm 정사각형으로 썰어 레몬주스, 파프리카 가루를 섞어 살사를
만든다[c]. 토마토는 껍질째 슬라이스 하고 베이컨은 굽는다.

5 기름 없는 팬에서 토르티야를 따뜻하게 만든다. 토르티야에 강낭콩 퓌레를 얇
게 펴 바르고, 볶은 쇠고기를 올린 다음 채 썬 양상추, 아보카도, 베이컨, 토마
토, 사워크림을 기호에 따라 넣어 말아준다. 배, 오렌지 살사를 곁들인다[d].

Tip
할라피노는 병조림된 것을 구매하
거나 청양고추로 대체한다.

영양소 함량 306 kcal
탄수화물 49.9g
단백질 12.4g
지방 4.8g
나트륨 142mg

서양식 달걀찜

흔한 달걀찜이 지겹다면 파이 반죽에 시금치를 넣은 서양식 달걀찜을 만들어 보자.
비타민과 무기질이 풍부해 피부를 깨끗하게 해주는 방울토마토를 넣은 이 특별 요리는
칼로리가 낮아 비만이 걱정되는 아이에게도 좋다.

이렇게 준비하세요 3인분

베이컨 3g, 달걀 15g, 사워크림 1g, 우유 30g,
시금치 15g, 모짜렐라 치즈 5g,
스위스 치즈 3g, 방울토마토 5g, 양파 15g
파이반죽 중력분 60g, 이스트 2g, 소금 약간,
설탕 1g

a b c d

이렇게 만들어보세요

1 파이 반죽은 모양을 만들어서 177℃에서 8분, 160℃로 온도를 낮춰서 3~4분
바삭하게 굽는다[a].

2 양파는 곱게 채 썰고, 베이컨도 잘게 썰어 준비한다. 시금치의 뿌리는 제거해
준비해 둔다.

3 팬에서 베이컨, 양파를 볶다가 시금치를 넣고 살짝 볶는다[b].

4 달걀과 우유, 사워크림을 섞는다.

5 미리 구워진 파이반죽에 양파, 베이컨, 시금치, 방울토마토볶은 것을 넣고 준
비 된 달걀 혼합물을 부어주되, 끝까지 붓지 말고 70~80%정도 차도록 한다[c].

6 준비된 파이 위에 치즈를 뿌려 마무리한다[d].

7 160℃에서 45~50분간 구워준다. 파이의 끝 테두리 색이 강하게 날 경우 호일
로 감싸 굽는다.

Tip
파이에 달걀 혼합물을 너무 많이
넣게 되면 굽는 과정에서 흘러내리
므로 주의하여야한다.

영양소 함량 153 kcal
탄수화물 20.3g
단백질 5.9g
지방 4.9g
나트륨 272mg

아보카도달걀 샌드위치

단순한 샌드위치는 싫다면 아보카도를 넣은 특별 건강 샌드위치는 어떨까?
아보카도는 비타민이 11종, 미네랄이 14종 들어 있고 철분과 구리가 풍부해
성장을 촉진하고 빈혈을 예방한다.

이렇게 준비하세요 **1인분**

달걀 20g, 마요네즈 1g, 디존 머스타드 1g,
레몬주스 2g, 식빵 35g, 아보카도 6g,
워터크레스 · 소금 · 후춧가루 적당량씩

이렇게 만들어보세요

1 달걀을 완숙으로 삶은 뒤 찬물에 담가 식혀 껍질을 벗기고 볼에 넣어 포크로
거칠게 으깨준다. 으깬 달걀에 머스타드, 레몬주스, 소금, 후춧가루, 마요네즈
를 넣어 맛을 낸다[a].

2 아보카도는 껍질을 제거하고 얇게 슬라이스한다.

3 식빵은 노릇하게 양면을 구워낸다.

4 토스트한 식빵에 아보카도를 얹고[b] 그 위에 달걀샐러드를 얹어 식빵으로 덮어
준다[c].(워터크레스는 기호에 따라 달걀샐러드 위에 얹은 후 식빵으로 덮어준다.)

5 샌드위치의 가장자리 부분을 잘라내고 원하는 적당한 크기로 자른다[d].

> **Tip**
> 아보카도는 껍질 벗겨 반을 자른
> 후 가운데 씨에 칼집을 넣어 90도
> 방향으로 돌리면 씨를 제거할 수
> 있다.

영양소 함량 158 kcal
탄수화물 26.7g
단백질 6.8g
지방 2.8g
나트륨 251mg

채소 오믈렛

건강하고, 똑똑한 아이로 키우려면 아침 식사가 무엇보다 중요.
입맛 없는 아침에 간단하게 먹을 수 있는 오믈렛으로 센스 있는 엄마가 되자.

🍳 이렇게 준비하세요 **2인분**

양파 30g, 당근 15g, 홍피망 15g, 청피망 15g,
밀가루 15g, 베이킹파우더 1g, 설탕 5g,
달걀 30g, 우유 19g, 토마토케첩 10g,
식용유 적당량, 소금 적당량

a b c d

🍲 이렇게 만들어보세요

1 양파, 당근, 청, 홍피망은 0.2cm 두께로 채 썬다.

2 팬에 식용유를 두르고 채 썬 재료를 볶아 부드러워지면 케첩을 넣은 뒤 소금,
후추로 간을 한다[a].

3 달걀에 설탕, 우유, 소금을 조금 넣고 충분히 젓는다.

4 밀가루에 베이킹파우더를 넣고 체에 내린다.

5 3에 4의 밀가루를 넣고 가볍게 저어 반죽한다[b].

6 가열된 팬에 기름을 두르고 반죽을 지름 10cm, 두께 0.3cm로 둥글게 붓는다[c].

7 볶은 채소를 반죽 가운데에 놓고 반달모양으로 접어 노릇하게 굽는다[d].

> **Tip**
>
> 달걀 요리는 온도를 너무 높게 하
> 면 만들기 어려우므로 온도조절에
> 주의하여야 한다.

영양소 함량 183 kcal
탄수화물   9.8g
단백질   21.1g
지방   6.2g
나트륨   269mg

참깨 오렌지 쇠고기

요리로 좀처럼 섭취하기 힘든 참깨는 피부를 윤기 있게 하고 노화를 억제한다.
양념한 쇠고기를 굴소스와 오렌지가 들어간 소스에 익히는 이 요리는
편식 심한 아이에게 여러 영양소를 골고루 먹을 수 있게 도와준다.

이렇게 준비하세요 **2인분**

쇠고기 사태 100g, 전분 2g, 간장 2g,
오렌지주스 10g, 굴소스 2g, 꿀 3g, 참깨 1g,
식용유 1g, 생강 1g, 오렌지 20g,
파인애플 28g

a

b

c

d

이렇게 만들어보세요

1 쇠고기는 길이 6cm, 넓이 2cm, 두께 0.5cm 정도의 직사각형 모양으로 썬 다음 전분과 간장을 섞어 재워둔다 **a**.

2 생강은 다져두고, 오렌지는 껍질을 벗겨내고 속만 잘라내어 준비한다. 파인애플은 껍질과 속심을 제거하고 0.5cm 크기의 정육각형으로 자른다 **b**.

3 오렌지주스, 굴소스, 꿀과 전분을 섞어 소스를 준비해둔다 **c**.

4 기름을 두르지 않은 팬에 깨를 볶은 뒤 식혀둔다.

5 팬에 기름을 두르고 재워둔 고기를 앞뒤로 골고루 익힌다. 거기에 생강을 넣고 익히다가 준비해 둔 소스를 넣고 저어어 소스가 끓고 농도가 나기 시작하면 오렌지와 파인애플을 넣고 살짝 익혀 마무리한다 **d**.

6 접시에 5를 담고 제공하기 직전에 깨를 뿌린다.

Tip
생 파인애플을 육류에 익히지 않고 넣게 되면 육질이 지나치게 부드러워져 원치 않는 질감이 될 수 있어 익혀서 이용한다.

113

영양소 함량 128 kcal
탄수화물 9.5g
단백질 21.2g
지방 0.7g
나트륨 89mg

치킨버거 스테이크

치킨을 좋아하는 우리 아이, 기름에 튀긴 치킨은 걱정스럽다면…….
치킨버거 스테이크로 엄마의 센스를 발휘해 보는 건 어떨까?
소화가 잘 되고 고혈압을 예방하는 차이브를 이용해 만드는 일품요리.

이렇게 준비하세요 2인분

닭가슴살 80g, 빵가루 5g, 차이브 2g, 바질 1g,
파슬리 1g, 소금 적당량, 후춧가루 적당량,
오레가노 1g
양송이 속 다진 양파 10g, 버터 적당량,
양송이 30g, 빵가루 5g, 생크림 적당량

a
b
c
d

이렇게 만들어보세요

1 양송이를 0.5cm로 슬라이스 한다.

2 팬에 버터를 넣어 녹으면 양파를 넣고 볶다가 양송이를 넣어 볶는다[a]. 생크림
을 넣는다.

3 소금, 후춧가루로 간을 하고 양송이에서 물이 빠져나오면 빵가루를 넣어 되직
하게 농도를 맞춰준다. 그릇에 옮겨 식혀서 준비해둔다.

4 차이브, 오레가노, 바질, 파슬리는 잘게 다져둔다.

5 갈은 닭고기와 양송이속, 허브 다진 것들을 볼에 넣고 섞어 치대어 찰지게 만
든 뒤[b] 지름 10cm정도의 원형 모양이나 럭비공 모양으로 만든다[c].

6 팬에 기름을 두른 뒤 치킨 스테이크를 익혀주거나 팬에서 색만 내고 오븐에서
익힌다[d].

> **Tip**
> 스테이크로만 사용할 수도 있고 햄
> 버거 패티로 이용할 수도 있다.

영양소 함량 302 kcal
탄수화물   53.4g
단백질   13.7g
지방   3.4g
나트륨   293mg

김치떡

피를 맑게 해주는 메밀로 반죽을 만들고 김치와 오징어로 속을 넣은 엄마표 김치떡.
편식이 심해 김치를 먹지 않는 아이에게 좋은 메뉴이다.

이렇게 준비하세요 2인분

메밀가루 20g, 찹쌀가루 20g, 밀가루 20g,
물 20g, 소금 적당량
소재료 김치 20g, 오징어 30g
양념 설탕 5g, 깨소금 2g, 다진 파 4g,
다진 마늘 3g, 참기름 1g

a b c d

이렇게 만들어보세요

1 메밀가루, 밀가루, 찹쌀가루를 섞어 소금을 넣고 체에 내린 후 끓는 물을 넣어
  익반죽 한다ᵃ.

2 김치는 송송 썰고 오징어는 껍질을 벗겨 굵게 다진다.

3 가열된 팬에 기름을 두르고 김치를 넣어 볶은 다음 오징어, 양념 재료를 넣고
  볶는다. 평평하게 펴서 식힌다ᵇ.

4 반죽을 떼어 10cm 둥근 모양으로 빚은 다음, 가운데에 볶아 준비한 소를 넣고
  반달 모양으로 접어 모양을 만든다ᶜ.

5 김이 오른 찜통에 면보를 깔고 14분간 찐 다음 5분 정도 뜸을 들인다ᵈ.

6 한 김 나가면 접시에 담아낸다.

Tip
김치를 익힐 때 다양한 채소를 넣
어 섭취하도록 한다.

중국식 바비큐 포크립

영양 만점 돼지갈비에 레드와인 식초를 넣은 소스로 양념하여 오븐에 구운 특별 요리. 레드와인 식초는 항암작용을 하고 체지방 비율을 낮게 유지한다.

이렇게 준비하세요 **2인분**

바비큐용 돼지갈비 120g
소스 작게 자른 양파 20g, 다진 마늘 4g, 식용유 1g, 레드와인식초 2g, 황설탕 2g, 꿀 5g, 데미글라스 10g, 토마토케첩 2g, 머스타드 2g, 우스터소스 2g, 케이엔페퍼 약간, 소금 · 후춧가루 적당량

이렇게 만들어보세요

1 소스 재료를 볼에 넣고 잘 섞는다[a].

2 소스를 돼지 갈비에 골고루 바른 후 6시간 이상 재워둔다[b].

3 돼지갈비를 호일로 싸고 170℃의 오븐에서 30분간 굽는다[c].

4 호일을 벗긴 뒤 갈비가 부드러워 질 때까지 약 30분간 소스를 골고루 발라가며 구워 준다[d].

Tip 돼지갈비는 찬물에 담가 여러번 핏물을 우려내어 사용한다.

영양소 함량 **311** kcal

탄수화물	13.5g
단백질	22.8g
지방	18.0g
나트륨	352mg

김치쌈밥

철분과 비타민이 풍부한 김으로
김치와 밥을 돌돌만 쌈밥.
쉽게 먹을 수 있어서
나들이 도시락으로도 최고이다.

익은 배추김치 30g, 달걀 20g, 김 3g,
실파 10g, 밥 100g
밥 양념 참기름 0.5g, 깨소금 1g, 소금 0.5g
배추김치 양념 설탕 3g, 참기름 0.5g

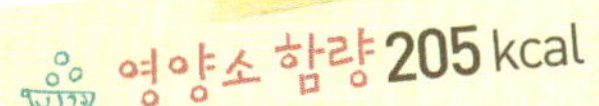

영양소 함량 205 kcal

탄수화물　39.5g
단백질　7.7g
지방　4.1g
나트륨　553mg

이렇게 만들어보세요

1 익은 김치는 속을 털어내고 살짝 씻어 잎만 준비하여 설탕, 참기름으로 양념한다[a].

2 달걀은 황, 백 지단을 부쳐 폭 1cm, 길이 6cm 정도로 썰고, 김도 같은 크기로 자른다[b]. 실파를 데친다.

3 밥이 뜨거울 때 소금, 깨소금, 참기름을 넣고 고루 섞어 먹기 좋은 크기로 꼭꼭 뭉친다.

4 배추김치 잎을 넓게 펴서 주먹밥을 얹고 감싼 후[c] 김, 황백지단을 띠처럼 두르고 데친 실파로 묶는다[d].

Tip 배추김치를 물에 헹구면 짠맛과 매운맛을 제거할 수 있다.

영양소 함량 280 kcal
탄수화물   57.4g
단백질   10.9g
지방   2.6g
나트륨   350mg

누룽지피자

밀가루 반죽 대신 혼합곡식을 주재료로 만든 피자.
누룽지에 채소와 피자치즈를 올려 구우면 보통 피자보다 훨씬 맛있는 피자가 완성된다.
만들기도 간편해서 간단 간식으로 최고.

이렇게 준비하세요 2인분

잡곡밥 흑미, 검은콩 50g, 피자치즈 20g,
양파 10g, 청피망 8g, 홍피망 8g, 양송이 10g,
햄 5g, 캔 옥수수 10g, 실파 5g
피자소스 다진 마늘 2g, 다진 양파 5g,
다진 쇠고기 5g, 토마토케첩 8g, 설탕 3g,
간장 1g, 소금 적당량, 후춧가루 적당량

a b c d

이렇게 만들어보세요

1 잡곡밥에 소량의 물을 넣고 밥알을 풀어준 후 기름을 두르지 않은 팬에 팬 모
 양 그대로 둥글게 모양을 내고, 두께는 0.4cm가량 노릇하게 구운 후 뒤집어
 서 반대면도 노릇하게 굽는다[a].

2 양파와 청, 홍피망, 양송이 버섯, 햄은 적당한 크기로 썰고 캔 옥수수는 물기를
 빼어 준비한다[b].

3 냄비에 식용유를 두르고 다진 마늘과 다진 양파, 양송이 버섯, 다진 쇠고기를
 넣고 볶아 토마토케첩과 물을 약간 넣어 졸이면서 설탕, 간장, 후춧가루로 맛
 을 낸다[c].

4 누룽지에 3의 피자소스를 골고루 펴 바르고 그 위에 토핑 재료를 얹고 피자 치
 즈와 송송 썬 실파를 뿌리고 예열된 오븐에 구워낸다[d].

Tip
물의 양도 밥알이 서로 떨어질 정
도로만 넣어준다.

영양소 함량 202 kcal
탄수화물   38.6g
단백질   11.1g
지방   3.5g
나트륨   395mg

단호박새우찜

단호박 속에 새우와 몸 안의 나쁜 피를 없애 주는 표고버섯과 채소 다진 것을 넣은 건강 메뉴.
비타민 A가 풍부해서 건강과 맛을 모두 챙기는 영양만점 특별식이다.

이렇게 준비하세요 3인분

단호박(작은 것) 125g, 다진 새우살 20g,
두부 20g, 건 표고버섯 10g,
다진 청피망 10g, 다진 홍피망 10g,
실파 5g, 밀가루 8g, 마늘 3g, 깨소금 1g,
참기름 1g, 소금 1g, 흰 후춧가루 1g

a   b   c   d

이렇게 만들어보세요

1 단호박은 표면을 깨끗하게 씻어 물기를 제거하고 꼭지 부분의 윗면을 자르고
수저를 이용하여 속을 파낸 후 소금을 뿌려 놓는다[a].

2 새우살은 다지고 두부는 면보로 싸서 물기를 제거하고 곱게 으깬다. 불린 건
표고버섯과 청, 홍피망은 곱게 다지고 실파는 송송 썬다[b].

3 다져놓은 재료들을 한 데 섞어 송송 썬 실파, 소금, 다진 마늘, 깨소금, 참기
름, 흰 후춧가루를 넣고 양념하여 소를 만든다.

4 절여 놓은 호박의 내부에서 키친타올로 여분의 수분을 제거한다.

5 단호박 안쪽에 밀가루를 살짝 뿌리고 밀가루가 골고루 잘 묻도록 한다.

6 준비된 소를 채운 후[c] 잘라둔 꼭지 부분의 뚜껑을 덮어 김 오른 찜통에 20분
가량 찐 후 4~6등분 하여 낸다[d].

Tip
단호박 속에 쌀과 견과류를 함께
넣어 만들어도 좋다.

두부샌드위치

두부 사이에 달콤한 과일을 넣어서
두부를 싫어하는 아이도 맛있게
먹을 수 있는 메뉴. 특히 변비와
심혈관 질환을 예방하는 키위는
맛과 건강을 동시에 충족시킨다.

이렇게 준비하세요 **3인분**

두부 80g, 키위 20g, 오렌지 20g,
토마토 20g, 바나나 20g, 사과 20g, 꿀 10g,
소금 적당량, 식용유 5g, 민트 약간

이렇게 만들어보세요

1 두부는 3cm 정육각형으로 썰어 소금을 뿌려 간을 한다[a].

2 과일은 5mm 정육각형으로 썬 후 꿀을 넣어 버무린다[b].

3 기름을 두른 팬에 1의 두부를 넣어 5면을 노릇하게 지진 후 종이타월에서
기름기를 제거한다[c].

4 팬에서 지지지 않은 한 쪽 면을 숟가락을 이용해 뚫리지 않게 조심스럽게
파낸다.

5 속을 파낸 두부에 2를 채워 넣고 민트로 장식한다[d].

Tip 두부는 가능하면 단단한 것을 구입한다.

영양소 함량 **190** kcal

탄수화물	22.3g
단백질	8.3g
지방	9.6g
나트륨	8mg

a b c d

미니떡갈비

우리 아이 좋아하는 갈비를 새송이
버섯에 붙여 만든 미니 떡갈비.
새송이 버섯은 신진대사를
원활하게 하고 피부 건강에 좋다.

이렇게 준비하세요 **2인분**

쇠고기 살코기 80g, 새송이버섯 40g,
밀가루 4g, 잣가루 1g
떡갈비 양념 간장 5g, 배즙 5g, 양파즙 5g,
꿀 4g, 다진 파 5g, 다진 마늘 3g, 깨소금 1g,
참기름 1g, 후춧가루 1g

영양소 함량 **145** kcal

탄수화물   13.5g
단백질   15g
지방   3.9g
나트륨   308mg

이렇게 만들어보세요

1 쇠고기는 곱게 다져서 [a] 떡갈비 양념을 넣고 고루 치대어 양념한다 [b].

2 새송이버섯은 폭 1.5cm, 길이 6cm로 썰어 밀가루를 묻히고 양념한 쇠고기를 버섯 위, 아래로 1cm를 남기고 가운데 감싸듯이 붙여 떡갈비를 만든다 [c].

3 팬에 앞뒤로 타지 않도록 구워 잣가루를 뿌려낸다 [d].

Tip 잣가루는 반드시 종이나 종이타월을 깔고 다져 보슬보슬하게 사용하여야 한다.

126

생선살 완자 찹쌀찜

녹황색 채소의 대표인 시금치는 카로틴과 비타민 C가 풍부하고 철분, 칼슘이 많이 들어 있어
성장기 어린이에게 특히 좋다. 흰살생선 속에 감쪽같이 숨어있는 시금치.
시금치를 싫어하는 아이를 위해 만들어보자.

이렇게 준비하세요 **3인분**

찹쌀 30g, 치자 5g, 시금치 10g, 당근 10g,
흰살생선 100g, 소금 적당량
흰살생선 양념 달걀흰자 15g, 생강즙 2g,
소금 적당량, 흰 후춧가루 적당량, 전분 3g

a   b   c

이렇게 만들어보세요

1 찹쌀을 깨끗하게 씻어 40분 가량 치자 물에 불린 후 체에 받쳐 물기를 뺀 다음
소금을 약간 넣어 버무린 후 마른 면보로 옮겨서 수분을 빼면서 반 정도 으깨
서 준비한다.

2 시금치는 소금물에 데쳐 냉수에 헹군 후 물기를 꼭 짜서 다지고 당근도 잘게
다진다.

3 흰살 생선은 면보로 물기를 꼭 짠 다음 도마로 옮겨 곱게 다지고 끈기가 생기
도록 치대다가 생강즙, 소금, 흰 후춧가루를 넣고 치댄다. 달걀 흰자, 전분을
첨가하여[a] 계속 치대어 끈기가 생기도록 한 뒤 다져놓은 시금치와 당근을 넣
어 섞어준다.

4 치대 놓은 생선을 조금씩 떼어 완자를 빚는다[b].

5 생선 완자에 치자 물을 들인 찹쌀을 묻혀 손으로 잘 붙도록 완자를 만들어[c] 준
다음 찜통에 젖은 면보를 깔고 서로 붙지 않도록 놓고 20분 정도 쪄낸다.

> **Tip**
> 치자가 없으면 사용하지 않거나 혹
> 은 채소를 갈아서 함께 넣어 색을
> 이용할 수 있다.

영양소 함량 217 kcal
탄수화물 43.4g
단백질 5.7g
지방 2.5g
나트륨 344mg

조랭이떡 궁중 떡볶이

우리 왕자님, 공주님을 위한 궁중 떡볶이 도전!
비만을 예방하는 양송이버섯과 한입크기 작은 조랭이 떡으로 맵지 않은 영양간식을 만들어 보자.

이렇게 준비하세요 **2인분**

조랭이떡 50g, 양송이버섯 10g, 당근 10g,
양파 20g, 청피망 5g, 홍피망 5g, 당면 10g,
다진 쇠고기 10g, 물 50g
떡볶이 양념 간장 4g, 설탕 3g, 다진 파 3g,
다진 마늘 2g, 깨소금 1g, 참기름 1g,
후춧가루 1g

a b c d

이렇게 만들어보세요

1 조랭이떡을 물에 씻어 준비하고 양송이버섯은 4등분, 당근, 양파, 청·홍피망
  은 한 입 크기로 자른다**a**.

2 당면을 미지근한 물에 담가 불려 둔다.

3 떡볶이 양념 재료를 분량대로 섞어 준비한다**b**.

4 팬에 기름을 두르고 다진 고기를 넣고 볶다가 소금, 후춧가루로 간을 한 뒤 양
  파, 당근을 넣고 양념을 넣은 뒤 물을 넣어 끓인다**c**.

5 물이 끓기 시작하면 조랭이 떡을 넣고 불을 중간 불로 줄인다. 조랭이 떡이 어
  느 정도 익으면 당면과 양송이버섯, 청·홍피망을 넣고 한소끔 끓여 완성한다.

> **Tip**
>
> 다양한 질감을 주기 위해 표고버섯을 사용해도 좋다. 떡이 단단한 경우 끓는 물에 한번 데쳐서 사용한다.

배추달걀볶음

배추와 달걀, 돼지고기가 어우러져
부드럽고 소화가 잘 되는 요리.
건강과 맛, 두 마리 토끼를 동시에
잡는 효자 메뉴.

이렇게 준비하세요 3인분

배추 50g, 달걀 30g, 돼지고기 20g, 파 3g, 다진 생강 2g, 간장 2g, 목이버섯 10g, 닭 육수 10g, 물전분 10g, 식용유 3g, 소금 적당량

이렇게 만들어보세요

1 배추는 잎을 떼서 크게 썬 다음 3cm정도의 두께로 결대로 찢어준다.

2 기름을 넣어 가열 된 팬에 배추를 넣고 살짝 볶아 낸 후 수분을 제거한다a.

3 달걀을 풀어 팬에 익힌다b.

4 채 썬 돼지고기를 팬에 볶고 파, 다진 생강, 간장을 넣고 다시 볶는다c.

5 여기에 목이버섯, 배추, 달걀을 넣고 잘 섞은 뒤 육수, 소금, 물전분을 넣는다d.

영양소 함량 131 kcal

탄수화물 7.3g
단백질 8.3g
지방 7.5g
나트륨 188mg

a

b

c

d

토마토소스 달걀볶음

평범한 달걀프라이는 가라!
활기찬 아침을 위한 색다른 맛의
중국식 달걀 요리.

이렇게 준비하세요 **1인분**

달걀 35g, 파 4g, 토마토소스 10g, 설탕 8g,
소금 적당량, 식용유 2g, 참기름 1g

영양소 함량 **111** kcal

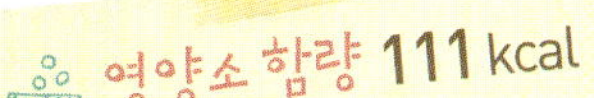

탄수화물	10.2g
단백질	4.4g
지방	5.9g
나트륨	107mg

이렇게 만들어보세요

1 달걀을 풀어 가열된 팬에 얇게 익혀낸다[a].

2 기름을 두른 팬에 송송 썰어 놓은 파를 먼저 볶아 향을 내고[b] 토마토소스
를 넣어 잘 섞어 볶는다[c].

3 여기에 설탕, 소금, 익힌 달걀을 넣고 골고루 섞은 후 참기름을 뿌려 마무
리한다[d].

Tip 토마토소스는 일반적으로 케첩을 이용하고 팬에 넣을 때 화력이나 기름의
온도가 너무 높으면 색이 변하므로 유의한다.

영양소 함량 141.6 kcal
탄수화물   22.9g
단백질   7.2g
지방   2.4g
나트륨   86mg

라이스페이퍼 새우롤

투명한 라이스페이퍼 롤 속에 감춰진 영양을 찾아라. 면역기능을 활성화 시키는 숙주와 맛있는 새우, 맵지 않은 피망 등 다양한 영양이 한 입에 쏙~ 들어가는 한 입 만찬 요리.

이렇게 준비하세요 2인분

새우 20g, 홍피망 5g, 팽이버섯 5g, 숙주 15g, 무순 3g, 상추 5g, 차이브 5g, 실파, 쌀국수 15g, 라이스페이퍼 20g

새콤 달콤 소스 양파 5g, 마늘 1g, 홍고추 1g, 청고추 1g, 물전분 약간, 물 약간, 식초 3, 설탕 1g, 고추기름 약간

a b c d

이렇게 만들어보세요

1 새우는 끓는 물에 데친 후 찬물에 담가 식히고 껍질을 벗긴다. 새우가 크면 반으로 자른다.

2 홍피망을 얇게 채 썰어 준비한다. 팽이버섯도 밑동을 잘라 준비하고 숙주는 거두절미하고 끓는 물에 데친 후 찬물에 식혀서 물기를 빼서 준비한다. 상추는 채 썬다ᵃ.

3 쌀국수는 물에 불렸다가 끓는 물에 데친 후 찬물에 식혀 물기를 제거한다.

4 따뜻한 물에 라이스페이퍼를 담갔다가 꺼내 면보 위에 놓고 물기를 살짝 제거한다ᵇ. 라이스페이퍼 위에 채 썬 홍피망, 팽이버섯, 숙주, 실파, 쌀국수, 채 썬 상추, 새우를 놓고 올려놓고ᶜ, 조심스럽게 말아준다ᵈ.

5 소스 만들기 마늘을 다지고 양파, 홍고추, 청고추는 0.3mm로 잘게 썬다. 팬에 고추기름을 두르고 다진 마늘을 볶다가 양파를 넣어 볶는다. 여기에 청·홍고추는 넣어 살짝 볶다가 물, 식초, 설탕을 넣고 끓이다가 물전분으로 농도를 맞춘다.

Tip
모든 재료를 준비하여 아이들에게 롤을 말도록 하는 것도 재미를 주는 방법이다.

133

알록달록 시금치당근 수제비

빈혈을 예방하는 당근과 비타민이 풍부한 시금치로 알록달록 수제비를 만들어보자. 아이와 함께 만들어 먹으면 더욱 맛있다.

이렇게 준비하세요 **2인분**

시금치 10g, 당근 15g, 밀가루 50g, 물 10g, 감자 10g, 애호박 15g, 실파 5g, 닭육수 200g, 다진 마늘 2g, 간장 2g, 소금 1g

이렇게 만들어보세요

1 시금치와 당근은 각각 믹서에 물을 넣고 갈아서 즙을 낸다.

2 밀가루는 반으로 나누어 시금치 즙과 당근 즙을 넣고 소금을 넣어 각각 반죽을 하여**a, b**, 직경 1.5cm 정도의 동그란 경단 모양으로 빚는다**c**.

3 감자와 애호박은 1.5cm의 정육각형으로 자르고 실파는 2cm 길이로 썬다.

4 닭 육수에 감자, 수제비 경단, 애호박, 다진 마늘, 실파 순서로 넣고 끓이면서 간장과 소금으로 간을 맞춘다**d**.

Tip 부드러운 반죽을 원하는 경우에는 수제비 반죽을 더 묽게 해서 주걱에 놓고 잘라서 만든다.

영양소 함량 **236** kcal

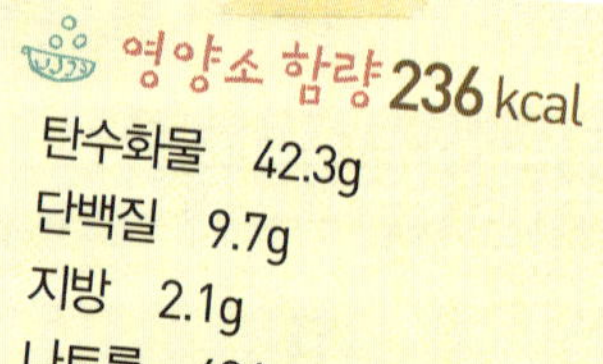

탄수화물	42.3g
단백질	9.7g
지방	2.1g
나트륨	484mg

a b c d

인도식 만두구이

인도식 만두구이의 다른 이름은 사모사.
사모사란 감자와 채소, 카레 등을
넣은 삼각형 모양의 튀김.
우리 아이 비만 예방을 위해 튀기지 않고
오븐에 구워 비만 예방에 좋은
특별 간식이다.

이렇게 준비하세요 2인분

다진 양파 15g, 다진 마늘 2g, 다진 생강 1g,
다진 청고추 1g, 다진 새우 25g, 버터 1g,
레몬주스 1g, 생선육수 3g, 카레가루 2g,
토마토 페이스트 3g, 달걀물 5g, 춘권피 20g,
올리브오일 1g

영양소 함량 156 kcal

탄수화물	19.9g
단백질	7.8g
지방	4.8g
나트륨	212mg

이렇게 만들어보세요

1 버터를 두른 팬에 양파, 생강, 마늘, 고추, 카레가루 순으로 넣어 볶아준다 [a].

2 1에 토마토 페이스트, 레몬주스, 새우를 넣고 볶는다 [b].

3 2에 육수를 약간 붓고 약한 불로 끓이면서 수분을 증발시켜 볼에 담아 식힌다.

4 춘권피에 3를 적당히 넣고 끝부분에 달걀물을 발라 붙여 완성한다 [c].

5 겉면에 올리브오일을 약간 발라 오븐 팬에 놓고 170℃오븐에서 바삭하게 구워낸다 [d].

Tip 전통적인 방법은 감자를 삶아 으깨어 피로 사용한다.

낫토 시래기 라이스전

비만 예방에 좋고 풍부한 영양분을
가진 낫토와 시래기를 넣어
만든 전. 밥 먹기 싫은 아이의
한끼 식사로 최고이다.

🍳 이렇게 준비하세요 **3인분**

밥 40g, 다진 양파 10g, 다진 당근 5g,
낫토 15g, 불린 시래기 10g, 카레가루 3g,
다진 파 2g, 밀가루 5g, 달걀물 10g,
식용유 적당량, 소금 적당량, 후춧가루 적당량,

🍲 이렇게 만들어보세요

1 양파와 당근은 잘게 다지고, 시래기 불린 것은 물기를 꼭 짜서 곱게 다진다[a].

2 뜨거운 밥에 다진 양파와 당근, 시래기를 넣고 낫토와 카레가루, 다진 파를 넣어 골고루 잘 섞고 소금과 후춧가루로 간을 한다[b].

3 2의 반죽을 원형으로 빚어[c] 밀가루, 달걀물을 묻혀 노릇하게 지진다[d].

Tip 낫토 대신 청국장을 써도 무방하며 냄새를 싫어하면 냄새를 제거한 제품을 구매하여 사용한다.

🥗 영양소 함량 **138** kcal

탄수화물	22.9g
단백질	6.3g
지방	2.9g
나트륨	163mg

a

b

c

d

한국식 오코노미야키

일본의 빈대떡 오코노미야키를
한국식으로 만들어 더욱 맛있고
특별한 메뉴. 소화를 돕고 감기를
예방하는 쪽파을 넣어 우리 아이
기침 없이 겨울나게 도와준다.

이렇게 준비하세요 2인분

새우살 30g, 실파 10g, 가츠오부시 3g,
마요네즈 2g, 돈가스소스 5g
밀가루반죽 밀가루 50g, 물 20g, 달걀 10g,
소금 적당량

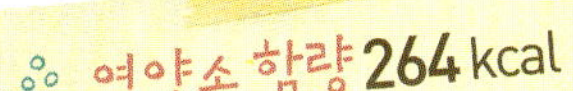

영양소 함량 264 kcal

탄수화물　39.6g
단백질　15.5g
지방　3.2g
나트륨　115mg

이렇게 만들어보세요

1 밀가루에 분량의 재료를 섞어 밀가루 반죽을 만든다[a].

2 실파는 1cm길이로 썬다.

3 가열된 팬에 식용유를 두르고 반죽을 한 수저 떠서 펴서, 그 위에 새우를
　엊고[b] 거의 익었으면 실파를 듬뿍 엊는다[c].

4 한 번 뒤집어서 30초 정도 살짝 이혀서 접시에 담는다.

5 4위에 마요네즈와 돈가스소스, 가츠오부시를 뿌려준다[d].

Tip 테프론 코팅이 잘된 팬을 이용하면 기름의 양을 적게 쓸 수 있다.

영양소 함량 154.4 kcal
탄수화물 26.8g
단백질 9.5g
지방 1.6g
나트륨 226mg

과일과 해산물을 곁들인 채소 전병

홍합은 영양이 매우 풍부해 마르고 허약한 아이에게 더 없이 좋다. 홍합과 달콤한 맛의 과일을 함께 넣어 만드는 전병. 달콤한 과일 맛이 비릿한 바다향을 없애주어 해산물 싫어하는 아이들이 잘 먹는다.

이렇게 준비하세요 **3인분**

새우 15g, 홍합 8g, 바지락 8g, 관자 8g, 피망 8g,
오이 10g, 키위 10g, 자몽 10g, 새싹 2g, 소금 · 후춧가루 적당량
채소전병 감자 15g, 양파 15g, 실파 2g,
전분 5g, 달걀 10g, 카레가루 2g, 전분 5g, 파슬리 2g, 딜 0.5g
소스 방울토마토 10g, 레몬 5g, 키위 10g, 오렌지 주스 30g,
설탕 5g, 물전분 10g

a

b

c

d

이렇게 만들어보세요

1 채소전병 재료를 믹서에 넣고 갈아준다[a].

2 새우, 홍합, 바지락의 껍질을 제거하여 살만 발라둔 다음 새우, 관자, 홍합, 바지락은 1cm 정도의 주사위 모양으로 썰어 팬에서 소금, 후춧가루로 간하여 살짝 볶는다.

3 피망, 오이, 키위, 자몽은 1cm 정도의 정육각형으로 썬다.

4 오렌지주스와 설탕을 섞어 냄비에 넣어 반으로 졸인 다음 물전분으로 농도를 맞추고 방울토마토, 레몬, 키위를 잘게 썰어 넣는다[b].

5 팬을 가열하여 기름을 두르고 전병을 지름 6~7cm 정도 크기로 부친다[c].

6 새우, 관자, 홍합, 바지락 살과 피망, 오이, 키위, 자몽을 한데 섞어 부친 전병 1장을 깔고 섞은 해산물과 채소를 위에 얹고 다시 전병을 올려준다[d].

7 전병 위에 새싹을 올리고 완성한다.

> **Tip**
> 전병은 색깔에 따라 당근, 시금치 등을 갈아서 사용해 보자. 색이 다양해 진다.

영양소 함량 92 kcal
탄수화물 5.1g
단백질 8.1g
지방 4.1g
나트륨 79mg

니스와 샐러드

채소를 싫어하는 아이도 맛있게 먹을 수 있는 샐러드.
달걀과 참치에 채소를 조그맣게 넣어서 편식하는 아이도 가볍게 뚝딱 해치운다.

이렇게 준비하세요 **2인분**

달걀 20g, 완두콩 5g, 오이 10g, 토마토 20g,
붉은 양파 10g, 로메인 10g, 홍고추 2g,
블랙올리브 2g, 바질 1g, 캔 참치 20g
드레싱 올리브오일 2g, 레드와인식초 2g,
디존 머스타드 1g, 마늘 1g, 설탕 적당량

이렇게 만들어보세요

1 달걀을 완숙으로 삶아서 껍질을 벗긴 후 세로로 4등분 한다[a].

2 완두콩은 끓는 물에 삶아서 찬물에 헹궈 물기를 제거해 두고, 오이는 1cm정도 정사각형으로 썬다. 붉은 양파는 링으로 슬라이스하고 로메인은 먹기 좋게 뜯어 찬 물에 담가놓는다.

3 토마토는 달걀과 같은 모양으로 잘라 놓고, 홍고추는 작게 어슷하게 썰고 참치는 기름기를 빼둔다. 이때, 참치는 덩어리가 있도록 한다.

4 바질을 슬라이스하여 준비하고, 마늘은 다져놓는다.

5 볼에 올리브오일과 레드와인식초, 머스타드, 설탕, 다진 마늘을 넣고 드레싱을 만든다[b].

6 또 다른 깨끗한 볼에 준비해둔 채소들과 달걀, 참치를 넣고[c] 드레싱을 끼얹어 버무려 완성한다[d].

> **Tip**
> 디존 머스터드 대신 허니 머스터드로 대체해서 사용해도 좋다.

영양소 함량 104 kcal
탄수화물 2.2g
단백질 13.8g
지방 4.5g
나트륨 51mg

종이에 싸서 구운 도미

우리 아이에게 흰살생선을 좀더 담백하게 만들고 싶다?
종이에 싸서 오븐에 구우면 기름기 쫘악 빠진 맛있는 도미 요리가 완성된다.
여기에 비타민 A, C가 풍부하고 위장을 튼튼하게 하는 브로콜리를 넣으면 맛과 영양도 업그레이드.

이렇게 준비하세요 2인분

도미살 65g, 소금 적당량, 후춧가루 적당량, 채 친 샐러리 3g,
채 친 당근 3g, 채 친 대파 3g, 채 친 양파 6g, 채 친 피망 5g,
브로콜리 5g, 레몬제스트 1g, 팽이버섯 3g, 버터 2g, 유산지
허브버터 버터 2g, 파마산치즈 1g,
통후추 약간, 오레가노 0.2g, 마늘 0.3g, 양파 0.5g

a
b
c
d

이렇게 만들어보세요

1 도미살에 소금, 후춧가루로 밑간을 해둔다[a].

2 샐러리, 당근, 대파, 양파, 피망은 채 썰고, 브로콜리는 작은 송이로 자른다.

3 레몬 껍질은 얇게 썬 제스트로 준비해놓고, 팽이버섯은 밑동을 잘라둔다.

4 유산지는 반을 접었다가 편 뒤 안쪽에 부드러운 버터를 발라준다[b].

5 유산지 반 접은 것 중 버터를 바른 한 쪽 면에 샐러리, 당근, 대파, 팽이버섯,
양파, 피망, 레몬제스트를 준비된 분량의 반 정도 놓고 밑간한 도미살을 올린
다. 다시 남은 채소들을 도미위에 올리고 유산지의 한 면으로 채소를 덮어주
고, 모서리의 뚫린 곳을 접어 봉해준다[c].

6 160℃로 예열된 오븐에서 익혀준다[d]. 접시에 담아 제공할 때 허브버터를 올
려준다.

Tip
오븐에 넣을 때 내열 접시나 오븐
용 팬에 올려서 넣는다.

호두사과샐러드

우리 아이 똑똑하게 도와주는
호두와 섬유소와 비타민이
풍부한 과일이 듬뿍 든 샐러드~.

이렇게 준비하세요 2인분

사과 60g, 샐러리 5g, 마요네즈 4g,
레몬주스 1g, 식초 1g, 호두 5g, 건포도 4g,
소금 적당량

이렇게 만들어보세요

1 사과는 4등분하고 씨를 제거하여 다시 4등분 한다[a].

2 샐러리는 껍질을 제거하고 슬라이스한다[b].

3 마요네즈, 레몬주스, 식초, 소금을 섞어 드레싱을 만든다[c].

4 볼에 사과, 샐러리, 호두, 건포도를 넣고 만들어 놓은 드레싱을 넣어 고루
섞어 완성한다[d].

Tip 사과는 레몬즙이 들어있는 물에 넣어 색의 변화를 막고 레몬향을 느끼도록
한다.

영양소 함량 110 kcal

탄수화물 13.7g
단백질 1.2g
지방 6.5g
나트륨 31mg

a b c d

발사믹과 로즈마리로 향을 낸 오븐구이채소

집중력이 떨어지는 아이에게는
로즈마리를 이용한 요리가 좋다.
로즈마리는 집중력을 향상시키고
다른 재료의 맛을 향상시킨다.

이렇게 준비하세요 **3인분**

단호박 40g, 당근 40g, 비트 40g,
고구마 40g, 꿀 8g, 발사믹식초 30g,
로즈마리 2g, 소금 · 후춧가루 적당량씩

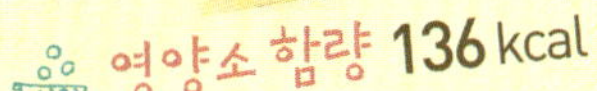

영양소 함량 **136** kcal

탄수화물	34.3g
단백질	1.9g
지방	0.6g
나트륨	52mg

이렇게 만들어보세요

1 단호박, 비트, 고구마, 당근은 껍질을 벗기고 자연스럽게 2~2.5cm 두께로 썬다[a].

2 볼에 채소와 발사믹 식초, 꿀, 소금, 후춧가루, 로즈마리 잎을 넣고 버무려[b] 150℃의 예열된 오븐에서 익을 때까지 굽는다[c].

3 중간에 뒤집어 주어 고루 이히도록 한다[d].

Tip 사과나 파인애플과 같은 과일도 가능하다.

영양소 함량 **79** kcal
탄수화물 13.2g
단백질 4.3g
지방 1.6g
나트륨 311mg

다시마전

똑똑한 아이를 위한 최고의 건강 간식. 다시마에 있는 요오드는 동맥경화를 예방하고
콜레스테롤 수치를 떨어뜨리고, 글루타민산은 뇌에 영향을 주어 아이의 학습 능률을 향상시킨다.

이렇게 준비하세요 **2인분**

다시마 30g, 영양부추 3g, 다진 청고추 3g,
다진 홍고추 3g, 새우살 10g,
밀가루 10g, 물 8g, 소금 적당량
멸치액젓소스 멸치액젓 2g, 물 3g, 설탕 2g,
깨소금 2g, 고춧가루 1g, 실파 2g

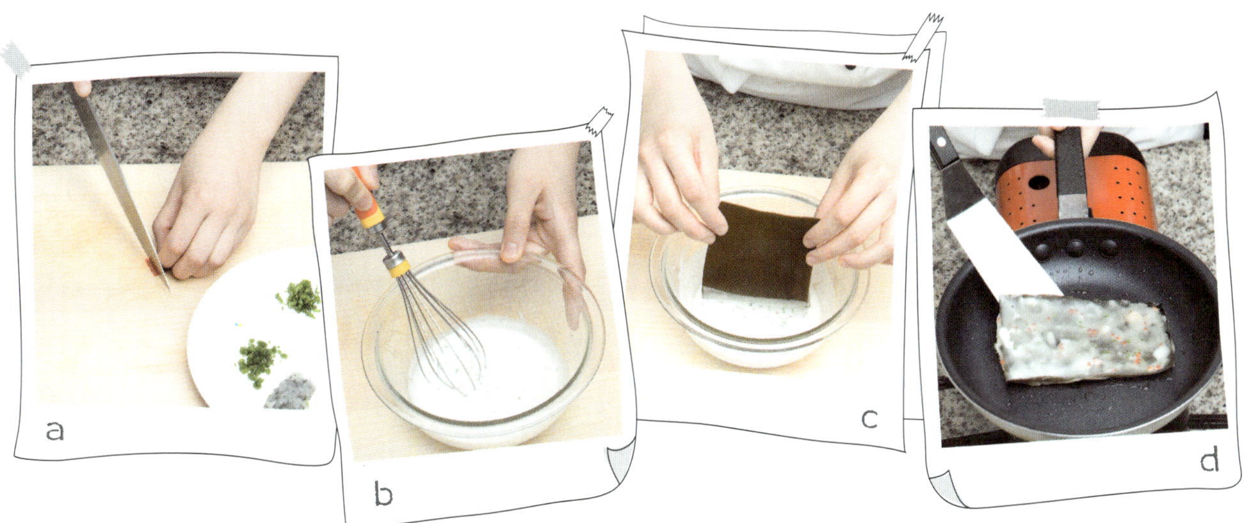

이렇게 만들어보세요

1 냄비에 다시마가 잠길 정도의 물을 붓고 중불에서 삶아 10여분 두었다가 건져
찬물에 헹궈 18cm 크기로 자른다.

2 청, 홍고추는 씨를 빼고 잘게 다지고 부추와 새우 살도 다진다[a].

3 밀가루에 물과 소금을 넣고 섞어 반죽을 한 후 다진 채소들을 넣고 고루 혼합한
다[b].

4 3에 다시마를 넣어 반죽 물을 입히고[c] 팬에 기름을 두르고 노릇하게 지진다[d].

5 다시마전이 한 김 식은 후 돌돌 말아 먹기 좋은 크기로 자를 수 있도록 꼬치로
고정시켜 준다.

6 4cm정도의 길이로 잘라, 멸치액젓소스를 곁들여 낸다.

Tip
다시마의 두께가 너무 얇으면 전을
부치기 힘드므로 적당한 것을 고른
다.

영양소 함량 124 kcal
탄수화물   17.3g
단백질   3.9g
지방   5.3g
나트륨   32mg

버섯들깨탕

피부를 부드럽게 하고 변비에 효과가 좋은 들깨.
부드러운 맛과 향의 버섯과 떡을 넣어 만든 버섯들깨탕은 가을에 어울리는 건강메뉴이다.

이렇게 준비하세요 **2인분**

느타리버섯 15g, 생 표고버섯 15g,
팽이버섯 15g, 새송이버섯 15g, 우엉 15g,
조랭이떡 15g, 들깨 8g, 물 50g, 들기름 2g,
소금 적당량

이렇게 만들어보세요

1 끓는 물에 데친 느타리버섯은 손으로 찢고 생 표고버섯은 데쳐서 물기를 짜고
채썬다[a].

2 팽이버섯은 밑동을 제거한 후 반으로 자르고, 새송이버섯은 팽이버섯 크기로
자른다.

3 조랭이떡은 물에 헹궈 준비하고 우엉은 껍질을 벗기고 길이로 4등분 하고 어
슷하게 썰어 냉수에 여러 번 헹궈 물기를 빼고 준비한다.

4 들깨는 분마기를 이용하여 물을 조금씩 넣고 곱게 갈아서 체에 받쳐 들깨 물
을 준비하고 찌꺼기는 버린다[b].

5 냄비에 들기름을 두르고 우엉을 볶은 후[c] 들깨 물을 부어 끓이다가 조랭이떡을
넣고 끓여 동동 떠오르면 버섯을 넣고 한소끔 끓인 후 소금으로 간을 맞춘다[d].

영양소 함량 233 kcal
탄수화물   36.9g
단백질   4.7g
지방   8.2g
나트륨   4mg

섭산삼

섭산삼은 더덕에 찹쌀가루를 무쳐 튀긴 우리나라 전통 음식이다.
기관지가 약한 아이에게 좋은 더덕에 녹차와 백년초가루를 넣은 섭산삼은 달콤한 영양 간식.

이렇게 준비하세요 **3인분**

더덕 40g, 젖은 찹쌀가루 30g, 가루녹차 2g,
백년초 가루 2g, 설탕 1g, 꿀 5g, 소금 적당량,
튀김기름 8g

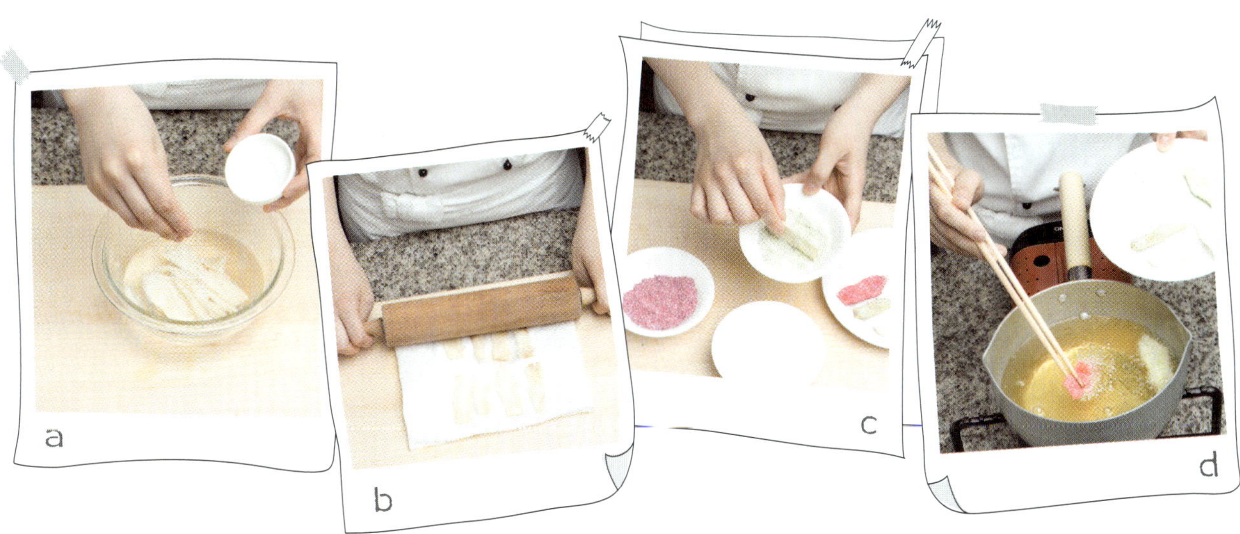

이렇게 만들어보세요

1 더덕은 껍질을 벗기고 0.3cm두께로 편을 썰어 소금물에 담가 쓴 맛을 빼고[a]
면보에 옮겨 밀대로 밀거나 두들겨 얇게 펴준다[b].

2 찹쌀가루는 소금을 넣고 혼합하여 체에 내린 후 3등분 하여 가루녹차와 백년
초 가루를 각각 섞는다.

3 2에 더덕을 각각 넣고 앞, 뒤로 꼭꼭 눌러 찹쌀가루를 묻힌다[c].

4 170℃의 기름에 2번 튀겨 키친타월로 옮겨 기름을 뺀 후 뜨거울 때 설탕을 약
간 뿌려 낸다. 꿀을 곁들여 찍어먹는다[d].

> **Tip**
> 더덕이 너무 큰 것을 고르면 섬유
> 소가 많고 거칠므로 적당한 크기를
> 고른다.

모듬 옥수수

옥수수와 당근, 피망, 닭고기가
한 입에~. 기억력 향상과
체력 강화에 좋은 잣을 넣은
영양가득 인기 메뉴이다.

⚖ 이렇게 준비하세요 **3인분**

옥수수 35g, 잣 3g, 청피망 25g, 당근 25g,
닭고기 35g, 식용유 1g, 물전분 6g,
소금 적당량

🍲 이렇게 만들어보세요

1 청피망, 당근, 닭고기는 옥수수 크기로 깍둑썰기한다.
2 먼저 닭고기를 볶고[a] 잣, 청피망[b], 옥수수를 넣어 볶는다[c].
3 소금으로 간을 하고 물 전분으로 농도를 맞추면 완성된다[d].

Tip 철판에 넣어 뜨겁게 제공해도 좋다.

🌱 영양소 함량 **127** kcal

탄수화물	15.05g
단백질	9.9g
지방	3.6g
나트륨	109mg

산호두부

두부와 다진 고기, 항암 효과가 있는
생강을 넣은 메뉴이다. 밥 위에 올려
먹으면 멋진 한끼 식사로 오케이!

이렇게 준비하세요 **2인분**

두부 35g, 다진 돼지고기 15g,
당근다진 것 10g, 고추기름 2g, 완두콩 10g,
파 5g, 생강 3g, 물전분 10g, 소금 적당량

영양소 함량 **89.4** kcal

탄수화물 8.5g

단백질 7g

지방 3.4g

나트륨 55mg

이렇게 만들어보세요

1 두부를 1cm가량의 정육각형으로 자르고 뜨거운 물에 넣었다가 꺼내 물
기를 제거해둔다 **a**.

2 당근과 돼지고기를 다져 고추기름을 두른 팬에 함께 넣고 볶는다 **b**.

3 파, 다진 생강, 물, 완두콩, 소금, 두부를 넣어 간이 들도록 졸인다 **c**.

4 물 전분을 넣어 소스의 농두를 맞춘다 **d**.

영양소 함량 105 kcal
탄수화물 7.4g
단백질 9.2g
지방 4.5g
나트륨 284mg

시금치돼지고기볶음

중국식 볶음 스타일로 여느 볶음과는 다른 색다른 맛을 전해준다.
장을 튼튼하게 하는 부추를 시금치, 돼지고기와 볶아 배가 자주 아픈 아이에게 좋은 메뉴.

이렇게 준비하세요 2인분

돼지고기살코기 40g, 물전분 10g,
소금 적당량, 시금치 25g, 부추 10g, 간장 5g,
파 5g, 생강 3g, 식용유 2g

이렇게 만들어보세요

1 돼지고기는 채 썰어 그릇에 넣어 소금, 물전분을 넣어 양념한다[a].

2 양념한 고기는 기름 두른 팬에 넣고 달라붙지 않도록 저어주면서 살짝 볶는다[b].

3 시금치와 부추는 4~5cm가량으로 썰어 준비한다.

4 기름을 둘러 가열된 팬에 파, 생강을 넣어 향이 나게 한 후, 기름에 데친 고기
  와 간장을 넣고 볶는다[c].

5 물 전분을 넣어 농도를 맞춘 후 마지막으로 부추, 시금치를 넣어 완성한다[d].

Tip
취향에 따라 팔각을 넣기도 한다.

영양소 함량 83 kcal
탄수화물   11.5g
단백질   3.8g
지방   2.5g
나트륨   169mg

토마토 쇠고기

물에 대쳐 기름기가 적고 담백한 쇠고기에 토마토와 소스를 첨가한 중국식 볶음 요리.
여기에 우리 아이 뼈와 뇌 발달에 도움을 주는 올리브오일을 뿌리면 영양 업그레이드.

이렇게 준비하세요 2인분

쇠고기 살코기 20g, 토마토 40g, 간장 3g,
설탕 10g, 식용유 1g, 올리브오일 1g,
닭 육수 15g, 파 1g, 생강 1g

이렇게 만들어보세요

1 깨끗하게 손질한 쇠고기를 냄비에 넣고 물을 붓는다.

2 파, 생강을 넣고 끓으면 젓가락으로 저어준다.

3 씻은 토마토는 끓는 물에 데치고 정육각형으로 잘라 다른 팬에 넣고 설탕과
잘 섞어 가열한다[a].

4 쇠고기를 꺼내 식힌 다음 2cm가량으로 썰고 팬에 기름을 둘러 파, 생강과 함
께 가열한다[b].

5 파, 생강, 간장, 남은 설탕, 육수를 넣은 팬에 진황색이 된 쇠고기를 넣고 약 5
분간 더 끓여준다[c].

6 토마토와 설탕의 소스를 팬에 넣어 약 2~3분정도 더 끓이고 육수를 넣어 소
스의 농도가 짙어지도록 한다[d].

7 물 전분으로 농도를 맞추고 올리브오일을 뿌려 향이 나게 한다.

영양소 함량 97 kcal
탄수화물 7.2g
단백질 6.9g
지방 4.9g
나트륨 35mg

산마드레싱과 실곤약샐러드

훈제 오리가슴살에 시원한 실곤약을 섞고 산마 드레싱을 첨가해 열량은 적고 영양은 듬뿍 든 우리 아이 건강메뉴이다. 씹는 맛을 좋게 하기 위해 고온에서 단시간에 가열하는 것이 특징.

이렇게 준비하세요 **2인분**

그린비타민 8g, 치커리 8g, 배 15g,
포도주스 10g, 훈제오리가슴살 30g,
실곤약 20g
산마드레싱 산마 10g, 우유 10g, 레몬주스 3g,
오렌지주스 3g, 호두 3g, 소금 적당량

이렇게 만들어보세요

1 그린비타민과 치커리는 한 입 크기로 적당히 뜯어 찬물에 담가 두었다가 먹기 전에 제거한다[a].

2 믹서에 산마와 우유, 레몬주스, 오렌지주스, 호두, 소금을 넣어 곱게 갈아 드레싱을 만든다[b].

3 배는 껍질을 제거하고 4등분 한 뒤 씨를 제거하고 4~5mm정도의 두께로 썰어준다.

4 팬에 포도주스를 붓고 슬라이스한 배를 넣어 배의 색이 포도색이 되도록 졸여준다[c].

5 훈제오리가슴살은 얇게 슬라이스하여 준비한다.

6 접시에 훈제오리가슴살 준비해 둔 것과 포도주스에 졸인 배, 실곤약, 채소들을 보기 좋게 담고 드레싱을 끼얹는다[d].

> **Tip**
> 훈제 오리가슴살 대신 닭가슴살을 사용해도 된다.

159

영양소 함량 182 kcal
탄수화물 38.7g
단백질 2.8g
지방 2.4g
나트륨 29mg

과일파이

기억력에 좋고 마음을 안정시키는 사과를 오렌지와 함께 졸여 식빵에 넣었다.
오븐에 구워 지방이 첨가되지 않은 아이 입맛 사로잡는 깔끔, 상큼 과일파이.

이렇게 준비하세요 **3인분**

오렌지 25g, 사과 25g, 설탕 15g, 물전분 4g,
버터 1g, 식빵 30g

a   b   c

이렇게 만들어 보세요

1 오렌지는 껍질을 벗긴 후 잘게 썬다. 사과는 껍질 째 깨끗하게 씻어서 잘게
   썬다.

2 냄비에 오렌지와 사과를 각각 넣고 설탕을 넣어 중간 불에서 타지 않도록 졸
   인다[a].

3 졸이는 도중에 과일에서 나온 물로 질척해지면 물전분을 넣어 농도를 맞춘 후
   차게 식힌다.

4 식빵은 가장자리를 잘라낸 다음 밀대로 납작하게 민 다음 버터를 바른다[b].

5 졸인 과일을 얹고 돌돌 만 다음 양끝 부분을 포크로 눌러 붙인다[c].

6 식빵의 표면에 버터를 얇게 바르고 170℃로 예열된 오븐에 넣어 노릇하게 굽는다.

Tip
식빵 대신 만두피를 사용해도 좋다.

영양소 함량 259 kcal
탄수화물 56.2g
단백질 7g
지방 0.7g
나트륨 42mg

현미크레이프

크레이프는 밀가루에 계란, 달걀, 설탕, 버터를 섞어 반죽한 후 팬에 부친 전병으로 과일 등과 먹으면
더욱 맛있다. 현미와 철분이 가득한 우유를 넣으면 알차게 건강까지 챙길 수 있다.

이렇게 준비하세요 3인분

현미가루 10g, 밀가루 20g, 우유 30g,
참기름 적당량, 소금 적당량
팥소 팥 15g, 설탕 10g
당근조림 당근 20g, 설탕 10g, 물 5g

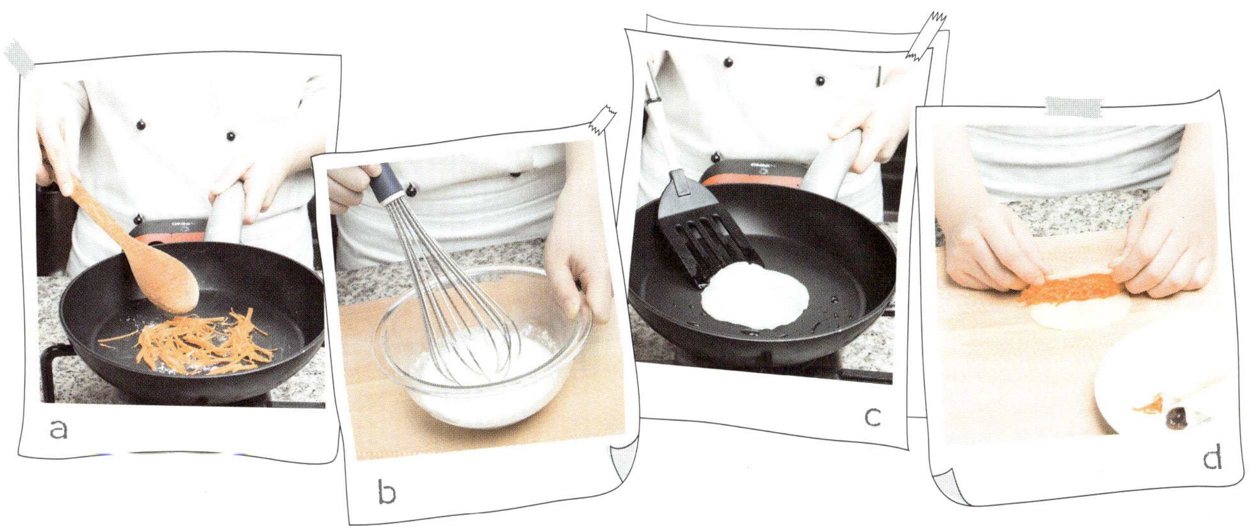

이렇게 만들어보세요

1 깨끗하게 씻은 팥을 물에 넣어 한 번 끓으면 물을 따라 버리고 다시 물을 부어
팥이 무르도록 삶은 후 설탕을 넣어 졸인다.

2 당근은 곱게 채 썰어 중불에서 볶은 다음 설탕과 물을 넣어 졸인다[a].

3 볼에 현미가루, 밀가루, 우유를 넣고 덩어리가 생기지 않도록 잘 갠 후 30분간
방치 한다[b].

4 가열된 팬에 참기름을 두르고 약한 불에서 한 국자 정도 떠서 둥글게 펴서 부
친 후 식힌다[c].

5 크레이프를 펴고 각각 팥소와 당근조림을 각각 얹은 후 둥글게 만다[d].

Tip
현미가루를 만들어 냉동실에 밀봉
하여 사용하는 것이 좋다.

수삼당근정과

어린이들이 좋아하기 힘든 수삼과
당근을 꿀을 넣어 달콤하게 만들어
빵이나 크래커 위에 얹어 먹는 정과.
수삼은 기관지가 약한 어린이에게 좋다.

이렇게 준비하세요 4인분

당근 50g, 수삼 30g, 꿀 20g, 물 10g,
계피가루 2g

이렇게 만들어보세요

1 당근과 수삼을 깨끗하게 씻어 물을 넣고 믹서기에 곱게 간다[a].

2 냄비에 1을 붓고 꿀을 넣어 조린다[b].

3 계피가루를 섞는다[c].

4 빵이나 크래커 위에 수삼 당근 정과를 올려낸다[d].

Tip 연령이 높아지면서 수삼이나 당근을 굵게 갈거나 얇게 잘라서 정과를 한다

영양소 함량 110 kcal

탄수화물 28.3g

단백질 2.1g

지방 0.2g

나트륨 23mg

고구마란

찐 고구마를 으깨어 꿀을 넣은
영양 간식. 우리 아이 두뇌 활동을
향상시키는 호박씨도 빼놓지 말자.

이렇게 준비하세요 **3인분**

고구마 70g, 꿀 10g, 계피가루 2g, 대추 5g,
호박씨 5g

영양소 함량 **166** kcal

탄수화물　35.6g
단백질　2.9g
지방　2.7g
나트륨　13mg

이렇게 만들어보세요

1 고구마는 껍질을 벗긴 후 큼직하게 썰어 찜통에 찐다.

2 다 쪄진 고구마를 체에 곱게 내린다[a].

3 으깬 고구마에 꿀과 계피가루를 넣어 섞는다[b].

4 대추는 씨를 제거한 후 0.5mm 마름모꼴로 잘라둔다.

5 고구마를 조금씩 떼어 둥글게 빚는다[c].

6 호박씨와 썰어둔 대추로 꼭지를 만든다[d].

Tip 선을 그을 수 있는 도구를 이용하여 대각선 방향으로 금을 그어지면 예쁜
모양을 만들 수 있다.

영양소 함량 136 kcal
탄수화물 33g
단백질 3.6g
지방 0g
나트륨 5mg

식혜팥빙수

더운 여름에 탄산음료만 찾는 아이들을 위한 음료! 식혜와 조리된 팥을 함께 얼려 시원한 한식 간식.
팥은 우리 몸의 불필요한 수분을 밖으로 내보내어 신진대사를 원활하게 하고 노폐물을 배출시킨다.

이렇게 준비하세요 **3인분**

팥 10g, 찹쌀가루 15g, 쑥가루 5g, 물 10g,
식혜 110g, 소금 적당량

a b c d

이렇게 만들어보세요

1 팥을 깨끗하게 씻어 물을 부어 끓인다. 물이 끓기 시작하면 물을 버리고 다시
찬 물을 부어 삶는다[a].

2 부드럽게 삶아진 팥의 물기를 제거한 후 으깬다[b].

3 찹쌀가루를 둘로 나누어 하나는 쑥가루를 넣고 하나는 맨 찹쌀가루에 뜨거운
물로 익반죽을 하여 경단을 만들어 끓는 물에 익혀낸다. 익힌 경단을 바로 차
가운 얼음물에 담가 식힌다[c].

4 으깬 팥에 식혜를 넣고 소금 간을 한 다음 그릇에 담아 냉동실에 넣어 얼리고
1시간 마다 공기가 들어가도록 포크로 저어준다[d].

5 4의 샤베트가 부드럽게 얼면 준비한 그릇에 경단과 함께 담아낸다.

채소칩

기름에 튀긴 과자는 가라!
오븐에서 구워내 기름지지 않는 과자.
채소칩은 섬유소, 비타민, 무기질이
듬뿍 들어 있고 담백한 맛이 일품이다.

이렇게 준비하세요 3인분

연근 20g, 고구마 20g, 감자 20g,
단호박 20g, 당근 20g, 소금 적당량

이렇게 만들어보세요

1 연근, 고구마, 감자는 0.2cm 두께로 썰어 물에 담가둔다.

2 단호박, 당근도 0.2cm로 썬다[a].

3 오븐 팬에 썰어 놓은 재료를 넣고 소량의 소금을 뿌린다[b].

4 130~150℃로 예열한 오븐에 팬을 넣고 천천히 굽는다[c].

Tip 주로 뿌리 채소를 이용하여 오븐에서 말리거나 구워낸다.

영양소 함량 72 kcal

탄수화물	17.7g
단백질	1.8g
지방	0.0g
나트륨	17mg

잡곡강정

쌀 튀밥보다 훨씬 영양가가 풍부하고
부담 없다. 시력 향상에 도움을 주는
콩과 여러 가지 곡물을 튀긴 튀밥을
굳혀 만든 잡곡 강정은 건강간식으로
손색이 없다.

이렇게 준비하세요 **3인분**

검은콩튀밥 10g, 쌀튀밥 10g, 메밀튀밥 10g,
물엿 6g, 설탕 6g, 물 3g

영양소 함량 **153** kcal

탄수화물　29.2g

단백질　5.5g

지방　2.4g

나트륨　10mg

이렇게 만들어보세요

1 물엿에 설탕, 물을 넣고 약 불에서 투명하게 녹인다[a].
2 오목한 팬에 검은콩 · 쌀 · 메밀 튀밥을 넣고 시럽을 넣어 시럽에서 실이
　 생길 때까지 불 위에서 젓는다[b].
3 강정이 굳어지기 전에 타원형 모양으로 빚거나 밀대를 이용해 밀어 펴 마
　 름모 모양으로 자른다[c].

Tip 물엿과 설탕 녹인 것에 마시멜로우를 넣으면 더 부드러운 강정을 만들 수
있다.

영양소 함량 94 kcal
탄수화물 7.9g
단백질 2.1g
지방 6.8g
나트륨 1mg

잣호두강정

견과류는 머리를 좋게 만들기 때문에 꼭 필요한 영양 간식이다.
견과류를 싫어하는 아이도 맛있게 먹을 수 있게 잣, 호두를 대추와 함께
뭉쳐서 만든 특별한 엄마표 간식이다!

이렇게 준비하세요 **2인분**

잣 3g, 호두 3g, 대추 3g, 통깨 5g
시럽 물엿 3g, 설탕 2g

이렇게 만들어보세요

1 잣에 붙은 고깔을 떼어낸 후 젖은 행주로 문질러 먼지를 닦아내고, 호두는 미지근한 물에 불려 껍질을 제거한다.

2 대추는 얇게 돌려 깎아 곱게 다진다.

3 물엿과 설탕을 냄비에 담고 물을 조금 넣은 후 약 불에서 투명한 시럽으로 만든다[a].

4 잣, 호두, 통깨에 다진 대추[b]와 시럽을 넣고 덩어리지게 섞는다[c].

5 살짝 뜨거울 때 손으로 동그랗게 뭉쳐준다[d].

Tip
물엿의 비율이 높아지면 덜 단단해진다.

SPAGET
Olive Oil

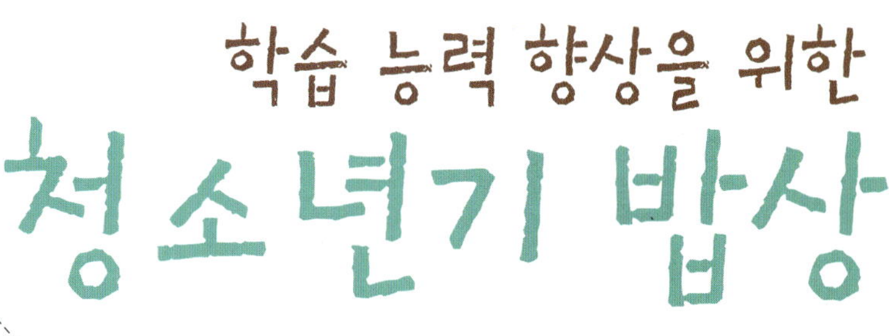

PART 3 From 13 years to 18 years

아동기에서 성인기로 전환되는 과도기. 아동기에 비해 성장이 가속화되는 시기로 성장 속도에 맞추기 위해서는 충분한 영양소의 공급이 무엇보다 중요하다. 또 청소년기에는 외모에 관심을 갖게 되어 식사를 거르기도 하며, 외식을 자주 하고, 유행식이에 빠지거나 간식을 많이 하는 등 비정상적인 식습관이 형성되기 쉽다. 따라서 영양적으로 균형 잡힌 식생활을 통해 올바른 식습관이 형성될 수 있게 특히 신경 써야 한다. 이 시기의 영양 상태가 장래의 신체 발달과 건강에 큰 영양을 미친다는 것을 잊지 말아야 할 것이다.

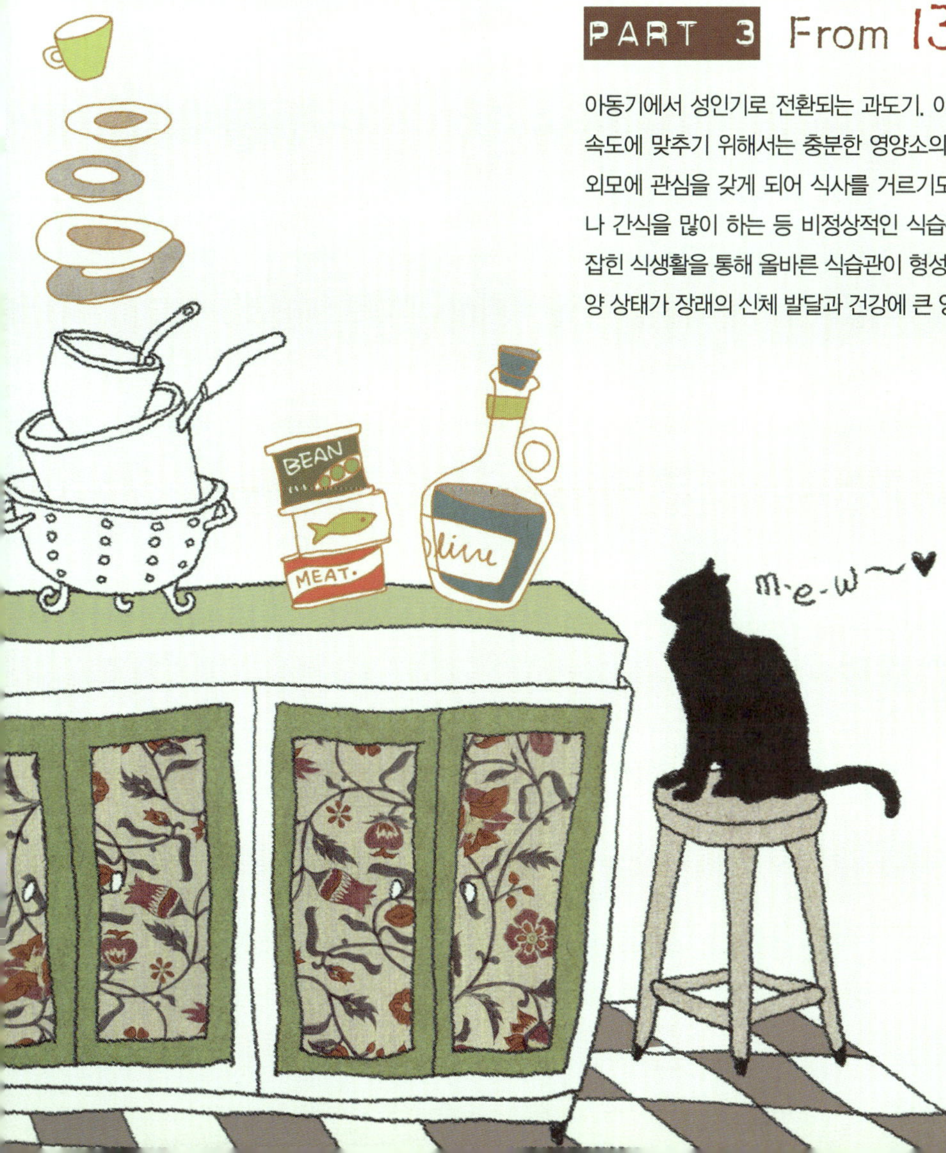

영양소 함량 103 kcal
탄수화물 4.7 g
단백질 7.2 g
지방 6.1 g
나트륨 161 mg

검보수프

다양한 채소와 새우가 들어간 미국 남부식 수프. 새우는 몸이 피곤할 때 먹으면 힘이 나는 식품이다.
아침을 굶는 아이를 위한 간단한 건강식으로 좋다.

이렇게 준비하세요 **1인분**

새우 15g, 생선육수 130g, 베이컨 10g, 양파 10g, 샐러리 5g,
청피망 8g, 다진 마늘 1g, 토마토(콩카세) 10g, 밀가루 2g,
버터 3g, 당근 5g, 타바스코 · 케이엔페퍼 적당량씩,
우스터소스 · 후춧가루 · 소금 적당량씩
허브 건 타임 0.5g, 건 바질 0.5g, 건 오레가노 0.5g,
월계수잎 0.2g

이렇게 만들어보세요

1 새우의 껍질을 벗겨 내장을 제거하고 정육각형으로 자른다. 껍질과 살코기는 따로 분리한다. 양파, 샐러리, 당근을 먹기 좋은 크기로 잘라 미르포아를 만든다.

2 새우껍질, 미르포아는 버터 두른 팬에 껍질이 밝은 붉은 색이 날 때까지 볶는다.

3 육수와 소금, 후춧가루로 맛을 내고 약 45분간 끓여 육수가 충분히 맛이 나면 걸러 따로 둔다.

4 베이컨이 부드럽되 갈색이 나지 않고 기름이 우러나도록 볶는다. 양파, 샐러리, 청피망, 마늘 그리고 건조된 허브를 넣고 양파가 엷은 갈색이 나도록 볶는다[a].

5 따로 둔 육수를 넣고 끓인다. 밀가루를 넣어 수프를 걸쭉하게 만든 다음 토마토 콩카세를 넣는다[b].

6 정육각형으로 자른 새우를 강한 불에 볶아서 스프에 넣어주고[c] 우스터소스와 타바스코소스를 기호에 따라 넣고 소금과 후춧가루로 간을 한다[d].

> **Tip**
> 미르포아는 양파, 당근, 샐러리를 2:1:1로 섞은 향신야채이다.

175

영양소 함량 236 kcal
탄수화물 44.6 g
단백질 6.3 g
지방 5.6 g
나트륨 58 mg

미니그라탕

사과와 참마를 익히고 마 소스를 얹어 오븐에 구워낸 요리.
아이들이 좋아하는 사과를 참마와 같이 넣어 편식하는 아이도 맛있게 먹을 수 있다.
다이어트 효과가 있는 두유를 넣은 소스로 맛을 내 더욱 담백하고 부담 없다.

이렇게 준비하세요 **2인분**

사과 50g, 참마 25g, 레몬주스 10g,
건포도 15g, 슬라이스아몬드 5g, 설탕 6g
소스 참마 25g, 두유 40g, 물엿 5g,
밀가루 3g, 올리브오일 1g, 소금 적당량

이렇게 만들어보세요

1 사과는 껍질 채, 참마의 반은 껍질을 벗겨 0.7cm 정육각형으로 썬다[a].

2 사과와 레몬주스, 소금을 넣고 부드러워질 때까지 익힌 다음 참마를 넣어 살짝 끓인다[b].

3 나머지 참마는 껍질을 벗겨 적당히 썰어 두유, 물엿, 밀가루, 올리브오일과 같이 믹서에 간다.

4 퓨레 상태로 갈은 다음 약 불에서 걸쭉하게 졸인다.

5 2에 건포도를 섞은 후 틀에 담고 소스를 펴서 얹고[c] 그 위에 슬라이스 아몬드를 얹고 설탕을 뿌린다[d].

6 200℃로 예열한 오븐의 표면이 노릇해 질 때까지 약 10분간 굽는다.

Tip
마 대신 감자를 이용할 수 있고 소스도 크림소스로 대체할 수 있다.

영양소 함량 136 kcal
탄수화물 14.8 g
단백질 8.1 g
지방 5.1 g
나트륨 243 mg

버섯을 넣은 가지라자니아

라자니아는 이태리식 파스타의 일종으로 얇은 밀가루 판 사이에 여러 가지 채소와 고기를 넣은 요리이다.
가지 라자니아는 가지를 길이로 잘라 그 사이에 소스를 넣어 오븐에 구워내
가지를 싫어하는 아이들도 무척 맛있게 먹는다.

이렇게 준비하세요 **1인분**

다진 돼지고기 12g, 느타리버섯 15g,
표고버섯 10g, 새송이버섯 15g, 가지 15g,
밀가루 6g, 버터 0.5g, 우유 25g,
파마산치즈 3g, 모짜렐라치즈 7g,
토마토소스 20g, 바질 2g, 오레가노 0.5g,
빵가루 4g

이렇게 만들어보세요

1 가지에 세로로 칼집을 넣어 소금을 뿌려 둔다[a].

2 돼지고기를 곱게 다진 후 볶아서 준비해 놓고[b], 표고버섯, 느타리버섯은 채 썰
어서 준비하고 새송이버섯은 세로로 잘라 준비해 둔다.

3 팬에 버터를 넣어 녹으면 밀가루를 넣고 볶아 루를 만든 후 우유를 넣어 화이
트소스를 만들어준다.

4 오븐 용기에 화이트소스를 깔고 그 위에 가지를 올린 후 가지의 사이에 버섯,
토마토소스, 화이트소스, 버섯을 넣어준다[c].

5 그 위에 남은 화이트소스와 치즈, 빵가루 순으로 얹어 180℃로 예열된 오븐에
서 윗면이 노릇한 색이 나도록 구워낸다[d].

Tip
라자니아에 돼지고기 대신 닭고기
를 사용해도 좋다.

영양소 함량 247 kcal
탄수화물   26.5 g
단백질   15.2 g
지방   7.8 g
나트륨   269 mg

비프스트로가노프

쇠고기와 양파, 양송이를 넣고 매콤하면서도 담백한 브라운소스를 뿌린 유럽식 고기 볶음 요리.
다양한 채소와 고기가 골고루 들어 있어 밥 위에 얹어 먹으면 간단하게 영양분을 섭취할 수 있다.

이렇게 준비하세요 **1인분**

쇠고기 등심 60g, 사워크림 4g, 중력분 4g,
데미글라스 약간, 양파 10g, 다진 마늘 2g, 물 100g,
파프리카가루 약간, 케이엔 페퍼 1g
양송이버섯 5g, 밥 또는 파스타 60g,
다진 파슬리 약간, 소금 적당량,
후춧가루 적당량

이렇게 만들어보세요

1 쇠고기 등심을 두께 1cm 정도로 썬 다음 소금, 후춧가루로 밑간을 한다.

2 양파는 두툼하게 채 썰고 양송이도 두툼하게 썬다.

3 팬에 버터를 두르고 다진 마늘을 볶다가 양파를 넣어 볶은 후 양송이를 넣고
살짝 볶는다[a].

4 데미글라스에 물이나 육수를 넣어 약간 되직하게 끓인다. 파프리카 가루를 넣
어 살짝 매콤하게 맛을 낸다[b].

5 썰어둔 쇠고기에 밀가루와 케이엔 페퍼를 묻힌다[c].

6 가열된 팬에 밀가루를 묻힌 쇠고기를 볶다가 2의 소스를 넣어 함께 끓이고 소
금, 후춧가루로 간을 한다[d].

7 밥 또는 파스타를 곁들이고 위에 기호에 따라 사워크림, 파슬리가루와 함께
먹는다.

> **Tip**
> 데미글라스를 구하기 어려우면 육
> 수와 토마토 케찹으로 대신해도 가
> 능하다.

영양소 함량 117 kcal
탄수화물 5.9g
단백질 13.8g
지방 4.6g
나트륨 361mg

새우살을 채운 두부수프

미네스트로네는 여러 가지 채소와 페이스트 소스를 넣은 이탈리아식 채소 수프이다.
평범한 채소 수프가 아니라 동양식 두부와 이탈리아식 미네스트로네가 만난 퓨전 수프를 만들어 보자!
원기를 회복 시켜주는 새우와 단백질의 보고 콩이 만나 아이를 위한 영양 듬뿍 아침 식사로 제격이다.

이렇게 준비하세요 **1인분**

새우살 35g, 두부 50g, 당근 10g, 돼지호박 10g,
참기름 1g, 생강 1g, 양파 10g,다진 마늘 1g,
닭육수 70g, 굴소스 3g, 간장 2g, 전분 1g, 소금 적당량
새우 마리네이션 달걀흰자 5g, 전분 1g,
소금 적당량

이렇게 만들어보세요

1 새우살을 다져서 새우 마리네이션 재료를 넣고 양념해 둔다[a].

2 두부는 4x3cm로 네모지게 썰어 한 쪽 면에서 두부 속을 파내고, 간이 된 새우
  살을 채우고 전분을 묻혀 지져낸다[b].

3 당근, 양파, 돼지호박은 1.5x1.5x0.2cm크기로 썰어준다.

4 팬에 참기름을 두르고 2를 타지 않도록 잘 볶아 생강, 다진 마늘을 넣어 볶다
  가 닭육수를 넣어 끓여준다.

5 육수에 간장과 굴소스로 간을 맞춘다[c].

6 그릇에 지져낸 새우살을 채운 두부를 넣고 끓인 미네스트로네를 부어준다[d].

> **Tip**
> 새우살 대신 닭가슴살을 다져서 이
> 용해도 좋다.

영양소 함량 177 kcal
탄수화물 3.5g
단백질 17g
지방 10.1g
나트륨 404mg

스테이크 샐러드

특별한 날을 위한 특별한 메뉴! 쇠고기와 샐러드를 동시에 즐길 수 있는 일품요리이다.
몸에서 이뇨 작용과 해독 작용을 하는 로메인을 넣어 건강도 잊지 않는다.
스테이크와 샐러드만으로 분위기도 내고 영양도 챙기자.

이렇게 준비하세요 **1인분**

쇠고기등심 80g, 로메인 30g, 워터크레스 2g,
래디쉬 5g, 방울토마토 10g, 붉은 양파 8g,
발사믹식초 4g, 올리브오일 1g, 소금 적당량,
통후추 적당량

이렇게 만들어보세요

1 쇠고기등심을 소금, 후추로 간하여 팬에서 기호에 따라 굽는다[a]. (스테이크의
굽기 정도는 기호에 따라 조절할 수 있다.)

2 양파는 얇게 링으로 썰고, 로메인은 적당한 크기로 찢어서 준비한다. 래디쉬
도 얇게 썰어 준비해둔다. 준비한 채소는 찬 물에 담가놓는다.

3 발사믹식초 드레싱을 만든다. 발사믹 식초와 올리브오일, 소금, 후추로 간을
하고, 기호에 따라 양파 다진 것 등을 첨가할 수 있다.

4 2를 건져내 물기를 제거하고, 소금, 후추로 간을 한다[b].

5 스테이크를 슬라이스 하여 접시에 앞 쪽으로 담는다[c].

6 준비된 채소에 드레싱을 넣어 섞은 후[d] 스테이크 옆에 보기 좋게 담는다.

Tip
발사믹식초가 없는 경우 사과식초
나 양조식초로 대용해도 가능하다.

186

참치쇠고기양상추쌈

양상추는 골격과 치아 형성에 중요한 기능을 하는 칼슘이 풍부하여 자라는 아이들에게 좋다.
양상추에 양념한 참치와 쇠고기와 밥을 함께 올린 양배추 쌈은 간편한 식사로 제격.
머리를 좋게 하는 참치는 공부하는 아이에게 힘을 준다.

이렇게 준비하세요 **1인분**

쇠고기 25g, 밥 60g, 상추 5g, 캔 참치 5g
밑간 후춧가루 약간, 달걀흰자 10g, 간장 3g,
설탕 2g, 전분 2g, 다진 마늘 1g, 실파 1g, 참기름 1g
참치양념 마요네즈 3g, 다진 양파 3g,
다진 샐러리 2g, 소금 적당량, 설탕 적당량,
후춧가루 적당량

a b c d

이렇게 만들어보세요

1 쇠고기는 소금, 후춧가루로 밑간을 하고, 실파는 송송 썰어 준비한다[a].

2 참치는 기름을 제거하고, 양파, 샐러리, 마요네즈, 소금, 후춧가루, 설탕을 넣어 양념을 하여 준비한다[b].

3 상추는 작게 다듬어서 얼음물에 담근다.

4 팬에 기름을 두르고 다진 마늘을 넣고 볶다가 밑간을 한 쇠고기를 넣어 볶고, 기호에 맞게 참기름과 실파를 넣는다[c].

5 물기를 제거한 상추에 밥을 한 숟가락 놓고 밥 위에 볶은 쇠고기, 참치, 마요네즈 소스 순으로 얹는다[d].

Tip
매운 맛을 좋아하는 경우 마요네즈
에 약간의 고추장을 첨가해도 좋다.

밀라노 스타일 포크 커틀릿

돼지등심에 치즈, 허브를 넣은
빵가루를 묻혀 다양한 향이 나는
포크커틀릿을 만들어 보자.
단백질과 칼슘이 듬뿍 들어 있고
향이 풍부한 파마산치즈를 묻혀
더욱 영양이 가득하다.

🎛 이렇게 준비하세요 **1인분**

돼지등심 60g, 밀가루 4g, 달걀물 12g,
빵가루 4.5g, 건 바질 0.5g, 건 타임 0.5g,
버터 0.5g, 식용유 1g, 레몬 5g,
파마산치즈 2g, 소금 · 후춧가루 적당량

🍲 이렇게 만들어보세요

1 돼지등심을 고기망치로 두들겨 1cm 정도 두께로 펴고[a] 소금, 후춧가루로
  간을 한다[b].
2 파마산치즈, 빵가루, 건바질, 타임을 섞어 허브 빵 가루를 만든다.
3 고기에 밀가루, 달걀물, 허브 빵가루순으로 묻힌다[c].
4 가열한 팬에 기름을 두르고 커틀렛을 익혀낸다[d].

Tip 돼지고기는 우유에 10분 정도 담갔다가 사용하게 되면 누린내 제거에 좋
고 맛도 부드러워진다.

🍚 영양소 함량 **229** kcal

탄수화물	7.6 g
단백질	13.8 g
지방	15.1 g
나트륨	98 mg

a

b

c

d

오븐에 구운 토르티야칩과 아보카도딥

입이 심심할 때, 과자나 빵보다는 직접 만든 특별한 간식을 주자. 토르티야칩을 튀기지 않아 담백하고 아보카도를 함께 먹을 수 있도록 한 간식이다. 아보카도는 가장 영양가가 많은 과일이며 탄수화물과 비타민이 풍부하다.

이렇게 준비하세요 **1인분**

또띠아 25g, 다진 양파 5g,
다진 할라피뇨 2g, 다진 마늘 3g,
아보카도 12g, 라임주스 3g, 토마토 30g,
소금 적당량

영양소 함량 **139** kcal

탄수화물　24.1 g
단백질　2.6 g
지방　3.9 g
나트륨　40 mg

이렇게 만들어보세요

1 또띠아는 6등분 하여 준비한다. 아보카도는 껍질을 제거하여 1cm 정육각형으로 자르고, 토마토는 씨를 제거하고 아보카도와 같은 크기로 썰어준다.

2 170℃로 예열한 오븐에 토르티야를 넣어 바삭하게 구워낸다[a].

3 볼에 양파, 할라피뇨, 마늘을 넣고 잘 섞어 페이스트 만들다가, 아보카도를 함께 넣고 으깬 후[b] 토마토를 넣고 라임주스, 소금으로 맛을 내 아보카도딥을 완성한다[c].

4 구워 낸 토르티야 칩을 찍어 먹게 아보카도딥을 작은 그릇에 담아낸다.

Tip 라임주스 대신에 레몬즙이나 오렌지주스를 이용할 수 있다.

a　　b　　c

영양소 함량 150 kcal
탄수화물 5.9g
단백질 11.4g
지방 8.6g
나트륨 152mg

이태리식 닭요리

평범한 닭요리는 가라! 이태리식 닭요리로 아이의 입맛을 사로잡자.
밀가루를 묻혀 조리한 닭고기에 토마토와 허브를 넣은 소소를 넣어 더욱 향긋하고 맛있다.
특히 닭다리살을 사용하여 성장기 어린이나 활동성이 많은 청소년에게 더욱 좋다.

이렇게 준비하세요 **1인분**

닭 넓적다리 60g, 밀가루 3g, 올리브오일 1g,
다진 홍피망 8g, 다진 양파 8g,
다진 마늘 2g, 캔 토마토홀 40g, 닭육수 15g,
케이퍼 2g, 바질 0.5g, 건오레가노 0.5g,
소금 적당량, 후춧가루 적당량

이렇게 만들어보세요

1 양파, 마늘, 홍피망은 다져준다.

2 닭고기는 3~4cm정도 크기의 정육각형으로 잘라 소금과 후춧가루로 밑간을
   한다.

3 간이 배인 닭고기에 밀가루를 묻히고, 가열된 팬에 닭고기를 넣어 색이 나도
   록 조리 한다[a].

4 조리한 닭고기는 접시에 옮겨 담는다.

5 닭고기를 익힌 팬에 피망, 양파, 마늘, 오레가노를 넣고 볶아준다[b].

6 여기에 토마토홀, 육수, 케이퍼를 넣고 조리한다[c]. 마지막으로 접시에 옮겨
   놓은 닭고기를 넣고 소스가 고루 배이도록 끼얹어가며 조리한다[d].

7 접시에 담고 소스를 올린 후 바질을 올려 마무리한다.

영양소 함량 137.6 kcal
탄수화물 13.4 g
단백질 5.0 g
지방 7.1 g
나트륨 200 mg

크로와상샌드위치

프랑스 빵 크로와상은 부드럽고 담백하다. 그 안에 양념한 게살과 양상추, 양송이를 넣으면
간단한 간식이나 특별한 도시락으로 제격이다. 크림소스가 들어 있어 더욱 풍미가 살아 있다.

이렇게 준비하세요 **1인분**

크로와상 20g, 양파슬라이스 12g,
마늘다진 것 2g, 양송이버섯 7g, 밀가루 3g,
소금 적당량, 흰후춧가루 적당량,
파프리카가루 약간, 생크림 8g, 게살 15g,
양상추 8g

a   b   c   d

이렇게 만들어보세요

1 팬에 버터를 넣고 양파가 색이 나지 않도록 익히다가 마늘을 넣어서 볶아준다.

2 양송이는 3mm 두께로 썰어서 양파와 함께 볶아준다[a].

3 밀가루를 넣어서 살짝 볶다가 생크림을 넣어서 크림소스처럼 만들어준다[b].

4 게살을 체에 밭쳐서 물기를 빼준 다음, 팬에 살짝 볶다가 크림소스에 넣어 준
다[c].

5 소금, 흰 후춧가루, 파프리카가루를 넣어서 맛을 내준다.

6 크로와상을 중간에 칼집을 넣어준 후 살짝 구워낸다.

7 크로와상에 양상추와 게살을 넣어서 제공한다[d].

Tip

게살을 구하기 어려운 경우 게맛살
로 대체하기도 한다.

영양소 함량 194 kcal
탄수화물 22.8 g
단백질 10.5 g
지방 6.6 g
나트륨 165 mg

클럽샌드위치

밥이 지겨울 때는 샌드위치로 입맛을 살려 주자. 바삭하게 구운 식빵 사이에 삶은 달걀과 토마토,
닭가슴살, 햄, 베이컨을 넣어 영양이 부족하지 않게 했다. 간단한 과일과 함께 먹으면 더욱 맛있다.

이렇게 준비하세요 **1인분**

식빵 40g, 마요네즈 2g, 삶은달걀 15g,
양상추 8g, 닭가슴살 13g, 토마토 20g,
치즈슬라이스 4g, 슬라이스햄 4g, 베이컨 4g,
소금 적당량, 후춧가루 적당량

a   b   c

이렇게 만들어보세요

1 식빵은 앞뒤로 바삭하게 구워낸다[a].

2 양상추는 뜯어서 찬물에 담가 두고 삶은 달걀은 에그 슬라이서로 잘라준다.

3 닭가슴살에 소금, 후춧가루로 간을 한 후 팬에서 익힌다[b]. 토마토는 얇게 슬
라이스하고, 햄과 베이컨도 살짝 구워낸다.

4 식빵 한 면에 마요네즈를 바르고 양상추, 토마토, 베이컨를 얹고 다시 식빵 양
면에 마요네즈를 바르고 베이컨 위에 얹는다. 그 위에 양상추, 치즈, 햄, 달걀,
닭고기를 올린 다음 나머지 빵 한 면에 마요네즈를 발라 덮어준다.

5 빵 칼로 샌드위치의 사방의 테두리를 잘라내고 대각선으로 먹기 좋게 썰어 준
다[c].

> **Tip**
> 닭가슴살 대신 참치 통조림을 이용
> 할 수도 있다.

195

토마토 채소 오븐구이

채소를 좋아하지 않는 청소년을 위한
오븐 구이. 다양한 종류의 채소를
치즈와 함께 넣어 담백하고 맛있다.
또 긴장을 억제해주는 칼륨과
마그네슘이 있는 감자도 들어 있어
더욱 높은 영양가를 가지고 있다.
우유와 함께 먹으면 더욱 좋다.

이렇게 준비하세요 1인분

감자 20g, 고구마 20g, 올리브오일 2g,
홍피망 15g, 당근 12g, 후춧가루 적당량,
소금 적당량, 붉은 양파 12g, 토마토 25g,
돼지호박 12g, 파마산치즈 2g, 빵가루 5g,
바질 약간

이렇게 만들어보세요

1 양파는 링으로 자르고 나머지 야채를 0.5cm 정육각형으로 잘라 볼에 담는다.

2 볼에 담긴 채소에 소금을 뿌려 고루 간이 배이도록 한다[a].

3 오븐용기에 채소를 가지런히 깔고 올리브오일을 뿌리고 소금과 후춧가루로 간을 한다[b].

4 그릇에 파마산치즈와 빵가루를 넣고 잘 섞어준다[c].

5 3에 4를 뿌려 덮고 180℃ 오븐에 넣어 구워낸다.

Tip 집에 남아있는 야채의 종류에 따라 여러 가지 야채를 더 첨가해도 좋다.

영양소 함량 103 kcal

탄수화물 17.4g
단백질 3.1g
지방 2.8g
나트륨 67mg

a

b

c

호두치킨

기름기가 적은 닭가슴살을
호두와 건포도를 이용하여
맛을 낸 따뜻한 요리.

이렇게 준비하세요 **1인분**

닭가슴살 45g, 올리브오일 2g, 양파 15g,
당근 15g, 닭육수 40g, 호두 4g, 건포도 4g,
계피가루 약간, 큐민씨 약간,
소금 · 후춧가루 적당량씩

영양소 함량 **117** kcal

탄수화물　6.0 g
단백질　12.1 g
지방　5.2 g
나트륨　31 mg

이렇게 만들어보세요

1 양파와 당근은 다져서 준비해 두고, 닭 가슴살은 큰 조각으로 자른 후 소
금과 후춧가루로 간을 해 둔다.

2 기름을 두른 팬에 닭가슴살을 익혀 꺼내어 다른 접시에 담고[a], 양파, 당
근, 큐민씨를 넣어 볶아준다[b].

3 2에 닭육수를 붓고, 호두와 건포도를 넣고, 계피가루를 넣어준다[c].

4 접시에 담아 두었던 닭 가슴살은 3에 넣고 조리하고, 소금, 후춧가루로 간
을 한다[d].

Tip 큐민의 향이 익숙하지 않은 경우에는 제거해도 무관하다.

영양소 함량 196 kcal
탄수화물   26.1 g
단백질   8.5 g
지방   6.4 g
나트륨   509 mg

파히타

또띠아 위에 채소와 닭고기 썬 것을 올려놓아 오븐에 구워낸 멕시코 요리.
구아카몰이나 사워크림과 함께 먹어야 더욱 맛있다. 닭고기 대신 새우나 생선을 이용할 수도 있다.

이렇게 준비하세요 **1인분**

닭고기살 20g, 파히타 양념 4g, 토르티야(8인치) 20g, 청피망
5g, 홍피망 5g, 양파 15g, 사워크림 5g, 양상추 10g, 피자치즈 6g
파히타 양념 큐민 2g, 건 오레가노 2g, 후춧가루 2g,
파프리카가루 2g, 소금 1g, 마늘 · 양파 파우더 약간씩
구아카몰 아보카도 15g, 양파 5g, 다진 할라피뇨 2g,
라임주스 5g, 마늘 2g, 토마토 10g

1

2

3

이렇게 만들어보세요

1 파히타 양념을 모두 섞는다.

2 닭고기 살을 3mm 두께로 실게 썰어 파히타 양념으로 밑간을 한나.

3 청피망, 홍피망, 양파는 길게 채 썰어 가열된 팬에 기름을 둘러 볶다가 파히타
양념을 넣고 다시 볶는다[a].

4 닭고기도 팬에 익혀낸다.

5 양파, 할라피뇨, 마늘, 토마토는 다지고 아보카도는 껍질과 씨를 제거하여 다
진 것들과 함께 볼에 담아 라임주스를 넣어 포크로 거칠게 찧어 구아카몰을 만
든다[b].

6 양상추는 채 썰어 준비한다.

7 토르티야 위에 채 썬 양상추를 얹고 그 위에 볶은 야채, 닭고기, 피자치즈를
올리고 화지타 양념을 뿌린 후 다시 토르티야로 덮어 170℃로 예열된 오븐에
서 익힌다[c].

8 완성된 파히타는 조각내어 구아카몰, 사워크림과 함께 곁들인다.

Tip
구아카몰을 만들 때 아보카도에
라임주스가 들어가면 갈색으로 변
하는 것을 막아줄 수 있다.

200

감자 주먹밥

아침 식사는 두뇌 활동을 활발하게 해 공부하는 청소년기에는 거르지 않게 하는 것이 좋다.
아침이 바쁜 학생들에게 다양한 영양소를 섭취할 수 있게 하는 주먹밥.

이렇게 준비하세요 **1인분**

감자 80g, 밥 80g, 다진 당근 20g,
시금치 20g, 잔멸치 5g, 삶은 달걀 노른자 5g,
검은깨 1g, 흰깨 2g, 소금 적당량
밥 양념 참기름 2g, 소금 적당량,
흰 후춧가루 적당량

이렇게 만들어보세요

1 감자를 깨끗하게 씻어 찜통에 찐 후 껍질을 벗기고 체에 내린다 **a**.

2 다진 당근은 팬에 기름을 두르고 볶으면서 소금 간을 하고 시금치는 손질하여
  끓는 물에 데친 후 냉수에 헹구어 물기를 꼭 짜고 잘게 다진다 **b**.

3 잔멸치는 팬에 살짝 볶아서 굵직하게 다져 준비한다.

4 으깬 감자와 밥, 당근, 시금치, 잔멸치를 한데 섞고 소금과 흰 후춧가루, 참기
  름을 넣어 잘 섞는다 **c**.

5 삶은 달걀노른자를 체에 내린다.

6 양념이 된 밥을 원형 또는 삼각형으로 만들어 달걀노른자와 검은깨, 흰깨에
  골고루 굴려가면서 묻힌다 **d**.

Tip
모양 틀을 구매하여 사용하면 더
많은 모양을 이용할 수 있다.

영양소 함량 173 kcal
탄수화물 25.7 g
단백질 8.7 g
지방 4.7 g
나트륨 323 mg

김치참치밥달걀말이

김치는 항암 효과를 가지고 있고 주재료인 배추는 대장암을 예방해준다. 달걀에 밥과 참치, 김치를 넣고
말아서 김치를 싫어하는 아이도 맛있게 먹는다. 다양한 식품이 골고루 들어 있어 한끼 식사로 좋다.

이렇게 준비하세요 **2인분**

캔 참치 15g, 김치 15g, 다진 양파 15g,
부추 5g, 다진 마늘 2g, 깨소금 1g,
참기름 1g, 밥 60g, 달걀 20g, 우유 5g,
소금 적당량, 식용유 적당량, 후춧가루 적당량
소스 고추장 2g, 케첩 4g, 마요네즈 1g,
크림치즈 1g, 물 3g

a

b

c

d

이렇게 만들어보세요

1 캔 참치는 체에 밭쳐 기름을 뺀 후 잘게 으깬다.a

2 김치는 속을 털어 내고 꼭 짜서 잘게 다지고 양파와 마늘도 잘게 다진다.

3 김치와 양파, 마늘을 섞어 깨소금과 참기름을 넣고 고루 섞은 후 팬에 기름을
두르고 볶아낸다.

4 볼에 밥, 참치와 볶은 김치를 넣고 소금, 후춧가루를 넣어 고루 섞는다.b

5 부추는 0.3cm로 잘게 썬다.

6 달걀은 소금과 우유를 넣고 잘 풀어 체에 내린 후 부추를 넣어 섞는다.c

7 팬에 식용유를 두르고 준비된 달걀 물을 1/2정도 넓게 두르고 버무려 놓은 밥
을 가지런하게 얹고 돌돌 말아준다. 끝부분에 나머지 달걀 물을 부어 이어 붙
인 후 돌돌 말아 한 입 크기로 자른다.d

8 분량대로 소스를 만들어 곁들여 낸다.

> **Tip**
> 달걀이 매우 신선해서 잘 안 풀리
> 는 경우 체에 내리게 되면 쉽게 풀
> 어진다.

영양소 함량 151 kcal
탄수화물   6.7g
단백질   12.1 g
지방   8.3 g
나트륨   293 mg

돼지갈비 볶음

아이가 뚱뚱해질까봐 고기를 만들어 주는 것이 걱정된다면 이 요리를 만들어 보자.
끓는 물에 돼지갈비의 기름기를 제거해 부담 없고 담백하다.

이렇게 준비하세요 **1인분**

돼지갈비 60g, 굵은소금 적당량,
다진 마늘 3g, 다진 생강 2g, 대파 10g,
토마토 25g
양념장 간장 5g, 물 10g, 식초 2g, 설탕 3g,
통깨 적당량, 참기름 적당량,

이렇게 만들어보세요

1 돼지갈비는 4cm길이로 준비하여 기름기를 제거하고 찬물에 담가 핏물을 뺀
후 굵은 소금을 넣고 주물러 갈비를 연하게 하고 소금기를 씻어낸다[a].

2 준비된 돼지갈비는 칼집을 넣은 후 대파, 마늘, 생강 등을 넣은 끓는 물에 데
쳐서 찬물에 헹군다[b].

3 냄비에 기름을 두르고 데쳐낸 갈비를 볶다가 양념장을 붓고 뚜껑을 덮어 서
서히 익히면서 볶는다[c].

4 갈비에 간이 배이면 센 불에서 뒤적거리면서 윤기 나게 볶는다[d].

5 접시에 얇게 썬 토마토를 깔고 볶아낸 돼지갈비를 담고 통깨를 뿌린다.

Tip
양념장을 넣어 익힐 때 다양한 채
소를 첨가해도 좋다.

영양소 함량 235 kcal
탄수화물　36.3g
단백질　12.6g
지방　4.0g
나트륨　448mg

바지락 볶음면

국물이 있는 면과는 달리 색다른 맛을 내는 한국식 볶음면.
피로회복에 좋은 바지락이 들어 있어 힘들게 공부하는 아이들에게 좋다.

이렇게 준비하세요 1인분

바지락살 20g, 칵테일새우 20g, 청고추 5g,
홍고추 5g, 대파 10g, 다진 마늘 3g,
다진 생강 2g, 칼국수면 80g,
식용유 적당량, 물전분 4g, 참기름 적당량
간장소스 닭 육수 50g, 간장 5g, 설탕 5g,
양파즙 5g, 다진 파 5g, 다진 마늘 3g,
참기름 2g, 깨소금 1g, 소금 적당량,
후춧가루 적당량

a b c

이렇게 만들어보세요

1 바지락살과 새우는 소금물에 흔들어 씻어 체에 받쳐둔다.

2 대파, 청 · 홍고추는 송송 썬다ᵃ.

3 끓는 물에 칼국수 면을 삶아 냉수에 헹군 후 참기름으로 버무린다.

4 닭 육수에 분량의 재료를 넣고 간장 소스를 만든다ᵇ.

5 팬에 식용유를 두르고 다진 마늘, 생강, 고추를 넣어 볶다가 센 불에서 바지락
  살과 새우를 넣고 청주를 넣어 볶은 후 간장소스를 붓고 끓인다.

6 5가 반 정도 졸면 칼국수 면을 넣어 볶으면서 물전분으로 걸쭉하게 농도를 맞
  춘 후 송송 썬 파와 참기름을 넣어 마무리한다ᶜ.

Tip
바지락을 소금물에 미리 담그어 놓
으면 모래를 뱉어 씹히는 질감이
좋다.

208

생선찜 채소말이

생선이 비려서 못 먹는 아이를 위한 특별 요리. 담백한 흰살생선 속에 다양한 채소를 넣어 쪄낸 후 잣즙소스에 찍어 먹는 요리. 지방이 적고 단백질이 많은 흰살생선에 각종 성인병을 예방하는 잣이 더해져 우리 아이 백년 건강을 책임 질 메뉴이다.

이렇게 준비하세요 **1인분**

흰살 생선 70g, 죽순 20g, 청 피망 15g, 홍 피망 15g, 건 표고버섯 10g, 전분 5g, 치즈슬라이스 10g, 참기름 적당량, 소금 적당량, 흰 후춧가루 적당량
소스 잣 3g, 물 4g, 설탕 3g, 레몬즙 3g, 간장 2g, 소금 적당량

a b c d

이렇게 만들어보세요

1 흰 살 생선을 얇게 포를 떠서 소금과 흰 후춧가루를 뿌려 밑간을 한다 **a**.

2 죽순은 5cm길이로 채 썬 후 끓는 물에 데쳐 소금과 참기름으로 무치고 청·홍 피망은 같은 길이로 채 썰어 팬에 볶으면서 소금으로 간을 한다 **b**.

3 건 표고버섯을 불려서 얇게 포를 떠 채 썬 후 소금과 참기름으로 무쳐 팬에서 볶고 슬라이스 치즈도 같은 길이로 채 썬다.

4 밑간한 생선살의 물기를 제거한 후 2장씩 겹쳐 놓고 전분을 위에 뿌린다. 생선에 준비한 속 재료를 놓고 돌돌 말아준 후 겉면에서 전분을 묻혀 김 오른 찜통에서 8분간 찐다 **c**.

5 믹서에 다진 잣을 넣고 물과 설탕, 소금, 레몬즙, 간장을 넣으면서 뽀얗게 즙이 나도록 소스를 만들고 소금으로 간을 한다 **d**.

6 완성된 찜에 소스를 곁들여 낸다.

Tip
생선을 말 때는 껍질부분이 안으로 들어가게 말아야 보기에도 좋고 잘 풀어지지 않는다.

영양소 함량 204 kcal
탄수화물   27.5 g
단백질   11.3 g
지방   6.0g
나트륨   354 mg

쇠고기말이 쌈밥

바쁜 아이들이 간편하게 먹을 수 있는 요리이다. 얇게 저민 소고기에 양념한 밥을 깻잎에 말아
밥과 찬을 함께 먹을 수 있는 영양만점 메뉴. 깻잎은 식탁 위의 명약으로 꼽힐 정도로 우수한 식품이다.

이렇게 준비하세요 **1인분**

쇠고기 살코기 40g, 당근 10g, 오이피클 10g,
양파 15g, 깻잎 10g, 밥 50g, 전분 6g,
식용유 적당량
밥 밑간 깨소금 2g, 참기름 2g, 소금 적당량
쇠고기 밑간 간장 2g, 청주 2g, 참기름 1g,
후추 적당량

a

b

c

d

이렇게 만들어보세요

1 쇠고기는 살코기로 준비하여 손바닥 크기로 얇게 저미서 양념에 재운다[a].

2 당근과 양파는 채 썰어 팬에 볶으면서 소금으로 간하고 오이피클도 물기를
  제거하고 채 썬다. 깻잎은 깨끗하게 씻어 물기를 빼 놓는다[b].

3 밥을 고슬고슬하게 지어 밑간을 하고 준비한 당근과 양파, 오이피클을 넣고
  잘 섞어 한 입 크기로 떼어서 뭉쳐 놓는다.

4 밑간한 쇠고기를 넓게 펴고 전분을 뿌린 후 물기 뺀 깻잎을 놓고 준비한 밥을
  놓아 잘 싸준다[c].

5 팬에 식용유를 두르고 말아놓은 쌈밥을 굴려가며 쇠고기가 익을 때 까지 익힌
  후, 먹기 좋은 크기로 썰어 담는다[d].

Tip
쇠고기를 너무 익히게 되면 질겨지
므로 조심해야 한다.

씨앗죽

견과류가 들어 있어 두뇌에 좋고
소화가 잘되는 죽. 똑똑한 아이로
만들기 위해 간단하게 아침으로
만들어 주자.

🍳 이렇게 준비하세요 **1인분**

쌀 30g, 참깨 3g, 통아몬드 4g, 땅콩 4g,
호박씨 4g, 물 90g, 소금 적당량

🍲 이렇게 만들어보세요

1 쌀은 5시간 정도 불려서 절구에 넣어 쌀알이 반 정도 부서지도록 갈아준다 **a**.

2 참깨, 아몬드, 땅콩, 호박씨는 믹서기에 갈아서 준비한다 **b**.

3 냄비에 쌀과 물을 넣고 쌀알이 익으면 갈아놓은 2의 씨앗가루를 넣어 끓인다 **c**.

4 소금간을 하고 준비한 그릇에 담아낸다 **d**.

Tip 죽을 끓일 때 견과류 갈은 것을 나중에 넣어야 죽이 묽어지지 않는다.

🍚 영양소 함량 **198** kcal

탄수화물	27.3 g
단백질	5.4 g
지방	7.9 g
나트륨	20 mg

밥샌드위치

손쉽게 만들고 지니고 다니기
쉬운 빵 대신 밥으로 만든
샌드위치.

이렇게 준비하세요 **2인분**

맛살 50g, 마요네즈 3g, 오이 25g, 밥 120g,
치즈슬라이스 20g, 검은깨 2g, 소금 적당량

영양소 함량 **322** kcal

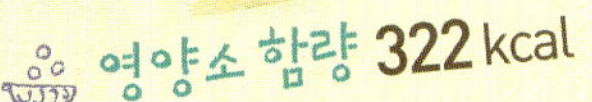

탄수화물 50.6 g
단백질 14.9 g
지방 8.1 g
나트륨 476 mg

이렇게 만들어보세요

1 맛살을 잘게 다져 마요네즈와 소금을 넣고 버무린다.

2 오이는 다져서 소금을 뿌려 놓았다가 면보에 꼭 짜서 수분을 제거한 후
마요네즈에 버무린다[a].

3 밥에 소금을 넣어 버무린다.

4 네모난 플라스틱 통에 랩을 깔고 밥[b], 치즈, 밥, 오이나 맛살, 밥 순서로
얹어 꼭꼭 누른다[c].

5 랩을 통째로 꺼내 칼로 조심스럽게 썰어 검은깨로 장식한다[d].

Tip 오이를 고추장 양념이나 간장 양념으로 변형시켜도 좋다.

영양소 함량 246 kcal
탄수화물 36.4g
단백질 16.4 g
지방 3.7g
나트륨 305 mg

냉쌀국수

입맛 없는 여름철에 더위를 이겨 내기 위한 특별 메뉴. 닭고기와 채소를 골고루 넣었고
변비를 예방하고 칼슘이 많은 미역을 넣어 영양도 챙기고 더위도 이긴다.

이렇게 준비하세요 1인분

쌀국수 40g, 닭 안심 30g, 대파 10g, 김 1g,
통후추 적당량, 슬라이스 햄 5g, 오이 20g,
시금치 10g, 불린 미역 10g, 통마늘 5g,
달걀 10g, 참기름 적당량, 소금 적당량
소스 닭육수 100g, 식초 5g, 설탕 2g,
간장 적당량, 땅콩버터 2g, 소금 적당량

a b c d

이렇게 만들어보세요

1 닭고기 안심을 깨끗하게 씻어 대파와 통마늘, 통후추를 넣고 삶아 5cm길이로
　일정하게 찢어 소금과 참기름으로 무치고 육수는 면보에 걸러 준비한다 [a].

2 햄과 오이는 채 썰고 시금치는 손질하여 끓는 물에 데쳐서 냉수에 헹군 후 물
　기를 짜고 5cm길이로 썬다.

3 달걀은 황백으로 나누어 지단을 부쳐서 5cm길이로 썰고 불린 미역도 물기를
　빼고 5cm길이로 썬다 [b].

4 닭 육수에 식초와 설탕, 간장, 소금, 땅콩버터를 넣고 섞어 소스를 만든다 [c].

5 쌀국수는 삶아서 물에 불렸다가 끓는 물에 부드럽게 삶아 냉수에 헹구어 체에
　받쳐서 물기를 뺀다.

6 그릇에 준비된 재료들을 담고 소스를 뿌려낸다 [d]. 라임을 곁들여 낸다.

> **Tip**
> 쌀국수가 없는 경우 다른 면을 익
> 힌 다음 식혀 차갑게 이용한다.

영양소 함량 229 kcal
탄수화물 35.9 g
단백질 11.5 g
지방 3.8 g
나트륨 310 mg

니고랭

니고랭은 여러 가지 고기와 채소를 한번에 볶는 인도네시아의 볶음밥이다. 더욱 특별한 메뉴를 위해 밥 대신 면을 넣어 국수볶음을 만들어 보자. 모든 재료를 준비했다가 바로 볶기 때문에 바쁜 청소년에게 좋은 음식이다.

이렇게 준비하세요 **1인분**

달걀물 10g, 식용유 1g, 홍고추 3g,
다진 마늘 1g, 닭가슴살 12g, 새우 12g,
양파 12g, 청경채 20g,
스파게티면 40g, 방울토마토 15g, 버터 적당량
소야소스 간장 3g, 발사믹식초 1g,
굴소스 2g, 꿀 3g

a

b

c

d

이렇게 만들어보세요

1 기름을 두른 팬에 홍고추와 마늘을 향이 날 때까지 볶아준다 **a**.

2 달걀물을 넣은 다음 달걀이 부드럽게 부풀어 오르도록 기다렸다가 반 정도 익혀졌을 때 가볍게 저어준다 **b**.

3 닭고기, 새우를 넣고 양파를 넣어 볶아준다 **c**.

4 3번에 준비된 스파게티면을 넣고 한 번 볶아준 다음, 소야소스를 넣어서 면에 간이 충분히 배이도록 볶아준다.

5 면이 볶아지면 여기에 청경채, 방울토마토를 넣어서 살짝 볶은 다음, 마지막으로 차갑게 한 버터를 넣어 소스에 윤기와 농도가 나도록 한 뒤 접시에 담는다 **d**.

> **Tip**
> 미리 준비하는 경우 면을 삶아 기름을 넣어 섞어두면 덜 붙는다.

영양소 함량 208 kcal
탄수화물   34.0 g
단백질   10.6 g
지방   2.8 g
나트륨   133 mg

닭고기가 들어간 땅콩소스 스파게티

평범한 스파게티와는 달리 땅콩이 들어가 고소하고 닭고기가 들어가 담백하다.
지방과 단백질이 풍부한 땅콩과 단백질과 비타민이 풍부한 닭고기가 만난 영양만점 메뉴이다.

이렇게 준비하세요 **1인분**

스파게티면 40g, 오이 15g, 닭가슴살 20g,
실파 2g, 땅콩 2g, 다진 마늘 2g,
땅콩버터 3g, 다진 생강 1g, 간장 2g,
황설탕 1g, 고춧가루 1g, 식초 1g,
참기름 적당량

a b c d

이렇게 만들어보세요

1 마늘, 생강은 다져서 준비해 두고, 닭 가슴살은 밑간을 해둔다.

2 오이는 어슷하게 슬라이스하고, 실파는 4cm정도 길이로 썬다.

3 땅콩은 볶은 후 다진다.

4 다진 마늘, 생강, 땅콩버터, 간장, 황설탕, 식초, 고춧가루를 볼에 넣고 잘 섞는
   다[a].

5 밑간을 해 놓은 닭 가슴살은 팬에 기름을 두르고 볶는다.

6 끓는 물에 스파게티면을 삶아[b] 물참기름을 넣어 섞는다[c].

7 준비된 스타게티면을 접시에 담고 만들어 놓은 소스를 얹은 후 그 위에 닭 가
   슴살, 오이, 파, 땅콩가루 순으로 올려 완성한다[d].

Tip
담백한 맛을 원한다면 닭고기를 뜨
거운 물에 삶아 살을 찢어서 사용
해 보자.

영양소 함량 169 kcal
탄수화물   11.0 g
단백질   6.2 g
지방   0.3 g
나트륨   73mg

쌀국수

몸도 마음도 지친 청소년을 위한 건강메뉴. 근육과 관절에 좋은 콜라겐이 가득한 쇠꼬리가 들어 있어
매일 책상에 앉아 허리가 아픈 아이들에게 좋다. 따뜻한 쌀국수 한그릇이면 더욱 힘내서 공부할 수 있다.

이렇게 준비하세요 **1인분**

쇠꼬리 120g, 양파 10g, 생강 0.5g, 숙주 5g,
라임 3g, 다진 청고추 1g, 가는 쌀국수 40g,
피쉬소스 0.5g, 닭가슴살 20g, 설탕 적당량,
소금 적당량

이렇게 만들어보세요

1 쇠고기뼈를 물에 한 번 데쳐내어 불순물을 제거한 뒤 다시 깨끗한 물을 붓고
  양파, 생강을 넣은 육수를 끓인다.ᵃ 양파의 반은 육수에 넣고 반은 얇게 슬라
  이스하고, 생강도 반을 육수에 넣고 반은 곱게 다져준다.

2 쌀국수를 물에 불린 후 삶아서 물기를 빼서 준비해둔다.

3 닭가슴살은 물에 삶아 익혀내어 5~6cm정도의 길이로 찢어서 준비해둔다.

4 숙주는 거두절미 한다.

5 육수가 완성되면 체에 걸러내고 피쉬소스와 설탕, 소금을 넣어 간을 맞춘다.ᵇ

6 완성된 육수에 쌀국수를 한 번 데쳐서 그릇에 담고 그 위에 숙주, 양파 등을
  기호에 맞게 올리고ᶜ 육수를 부어 준다.ᵈ

Tip

기호에 따라 고수를 준비해 함께
먹으면 베트남 특유의 맛을 느낄
수 있다.

고기완두조림

돼지고기에 완두소스를 넣어
부드럽게 졸여낸 특별 중식.
완두는 아미노산이 풍부하고
다른 콩류보다도 비타민이 많다.
특히 단맛이 강해서 콩을 싫어하는
아이도 맛있게 먹을 수 있다.

이렇게 준비하세요 1인분

돼지고기 살코기 40g, 완두콩 30g, 물 5g,
육수 10g, 설탕 7g, 소금 적당량, 전분 5g,
식용유 3g

이렇게 만들어보세요

1 돼지고기를 손질한 후 완두콩의 크기와 비슷하게 썬다.

2 기름을 두른 팬에 썰어놓은 돼지고기를 넣어 달라붙지 않게 볶는다[a].

3 푹 익혀 뭉그러진 완두콩에 육수와 설탕을 넣고 끓인 뒤 소금을 넣어 간
  을 하고[c] 물전분으로 소스의 농도를 맞춘다[d].

Tip 완두에는 전분이 들어있어 잘 늘러붙기 때문에 잘 저어가며 조리한다.

영양소 함량 183 kcal

탄수화물 　18.9 g

단백질 　11.4 g

지방 　7.0 g

나트륨 　45 mg

a　　b　　c　　d

치킨 쇠고기 땅콩소스 꼬치

평범한 떡꼬치 대신 치킨과
쇠고기를 넣은 꼬치를 만들자.
체지방은 적고 근육량은 늘려 주는
닭고기가 들어 있어 속도 든든하고
영양도 풍부하다. 땅콩소스를 발라
우리 아이 두뇌 발달을 위해서도
좋은 메뉴이다.

이렇게 준비하세요 **1인분**

닭가슴살 30g, 쇠고기 등심 30g, 간장 3g,
카레가루 2g, 땅콩버터 3g, 참기름 0.5g,
올리브오일 2g, 설탕 1.5g, 다진 생강 1g
소스 디존 머스타드 3g, 간장 3, 꿀 3g,
라임주스 2g, 다진 마늘 1g, 고춧가루 약간

영양소 함량 **148** kcal

탄수화물　8.3 g
단백질　14.4 g
지방　6.2 g
나트륨　536 mg

이렇게 만들어보세요

1 오븐을 176℃로 예열한다.
2 간장, 카레가루, 땅콩버터, 참기름, 올리브오일, 설탕, 생강을 섞어 소스
　를 만든다[a].
3 닭가슴살, 쇠고기를 각각 꼬치에 끼운다[b].
4 만들어 둔 소스를 발라가며 오븐에 굽는다[c].
5 곁들임 소스를 만들어 함께 낸다[d].

Tip 해산물을 이용할 수도 있다. 이럴 경우 소스에 레몬주스를 약간 첨가해 준다.

a　　b　　c　　d

영양소 함량 91 kcal
탄수화물   4.8 g
단백질   5.6 g
지방   5.2 g
나트륨   105 mg

시금치수플레

시금치는 철과 비타민이 풍부해 성장기 아이들에게 꼭 필요한 식품. 보통 아이들은
시금치를 잘 먹지 않는데 그럴 때는 시금치수플레가 좋다. 달걀과 시금치가 어울려 담백하고 부드럽다.

이렇게 준비하세요 2인분

파마산치즈 1g, 달걀흰자 20g,
시금치 10g, 소금 적당량, 흰 후춧가루 약간
수플레 베이스 달걀노른자 10g, 밀가루 3g,
우유 35g, 버터 1g, 소금 적당량,
흰 후춧가루 적당량

a b c d

이렇게 만들어보세요

1 냄비를 중간 불에 올려 버터를 넣고 녹인 후 밀가루를 넣고 색이 나지 않도록
볶는다.

2 1에 우유를 2~3번 나누어 넣고 부드러워 질 때까지 잘 섞고 소금, 후춧가루로
간을 한다. 낮은 불에서 은근히 끓이며 15분정도 잘 저어준다[a].

3 달걀노른자에 뜨거운 수플레 베이스를 조금 넣어 노른자를 따뜻하게 만든다.
따뜻하게 데운 노른자를 수플레 베이스에 넣어 잘 섞는다[b].

4 수플레 몰드에 버터를 바르고 파마산치즈 가루를 고루 묻혀 코팅을 한다.

5 시금치를 데쳐서 찬물에 헹군 뒤 물기를 제거하여 준비한다.

6 달걀흰자는 차가운 볼에서 쳐서 살짝 단단한 거품을 만든다[c].

7 깨끗한 볼에 수플레 베이스와 흰자거품을 1:3정도로 넣고 거품이 꺼지지 않도
록 살살 섞어준 뒤 몰드에 2/3정도 채워서 175~180℃로 예열된 오븐에서 구워
낸다[d].

Tip
수플레는 과일 등을 첨가하여 후식
으로 많이 사용된다.

영양소 함량 213 kcal
탄수화물 24.5 g
단백질 14.5 g
지방 6.4 g
나트륨 220 mg

시저샐러드

로메인 상추는 미네랄이 풍부하여 잇몸을 튼튼하게 하고 안초비는 뇌기능을 활발하게 한다.
로메인 상추와 안초비가 만나 건강과 두뇌 발달을 모두 잡는 일석이조 샐러드를 만들어 보자.
색다른 향을 느낄 수 있는 특별한 메뉴이다.

이렇게 준비하세요 **2인분**

상추 또는 로메인 60g, 다진 마늘 3g,
안초비 3g, 소금 · 후춧가루 적당량씩,
달걀노른자 5g, 레몬주스 3g, 올리브오일 1g,
파마산치즈 5g, 도미살 30g, 밀가루 8g,
달걀물 5g, 빵가루 4g
크루통 다진 파슬리 2g, 다진 오레가노 1g,
식빵 20g, 소금 · 후춧가루 적당량씩

a

b

c

이렇게 만들어보세요

1 상추의 잎을 떼어 내어 잘 씻은 다음 물기를 제거하고 적당한 크기로 잘라 냉
장고에서 보관한다[a].

2 크루통을 만들고 서빙하기 전까지 따로 보관해 둔다.

3 샐러드에 들어갈 마늘, 안초비, 소금, 후춧가루를 넣은 페이스트를 만든다.

4 여기에 달걀노른자, 레몬주스를 넣고 섞어준다. 그리고 올리브오일을 넣어 진한
드레싱의 농도가 나도록 하고 파마산치즈를 넣고 상추를 넣어 잘 섞어준다[b].

5 도미살을 손가락 길이로 썰어 소금, 후춧가루로 간을 하고 밀가루, 달걀물, 빵
가루 순으로 묻혀 170℃ 정도의 기름에서 튀겨낸다[c].

6 차가운 접시에 담아 크루통을 뿌려 제공한다.

Tip

크루통은 식빵을 1cm의 정육각형
으로 잘라 올리브 오일을 뿌려 오
븐에서 노릇하게 구워 낸다.

영양소 함량 128 kcal
탄수화물 3.4 g
단백질 17.8 g
지방 4.5 g
나트륨 226 mg

이태리식 해산물 샐러드

골다공증을 예방해주는 새우와 피로회복제의 역할을 하는 타우린이 많은 오징어가 만났다.
올리브를 듬뿍 넣은 소스로 향을 내서 비리지 않고 상큼하게 먹을 수 있다.

이렇게 준비하세요 2인분

새우 25g, 관자 20g, 오징어 40g,
다진 양파 5g, 다진 파슬리 2g,
다진 마늘 3g, 블랙올리브 5g,
올리브오일 3g, 케이퍼 3g, 레몬주스 4g,
후춧가루 적당량, 소금 적당량, 양상추 40g

이렇게 만들어보세요

1 새우는 껍질을 벗기고 내장을 제거하여 뜨거운 물에 데친 후 찬물로 식힌다.

2 관자, 오징어는 깨끗하게 손질하고 잘라서 준비한다.

3 블랙 올리브는 입자가 보이도록 자른다.

4 기름 두른 팬에 양파를 넣어 익히고[a], 거기에 관자, 오징어를 넣어 볶는다[b].

5 익혀놓은 새우를 넣어 살짝 볶아준 후, 볼에 옮겨 담는다[c].

6 볼에 블랙올리브, 케이퍼, 파슬리, 마늘, 레몬주스, 올리브오일을 넣고 소금,
후춧가루로 간을 한다[d].

7 접시에 양상추와 함께 담아낸다.

Tip

오징어가 크고 두꺼우면 칼집을 넣어 오징어 솔방울을 만들면 부드러운 질감을 지닌다.

커리향이 들어간 치킨 샐러드 샌드위치

비만이 걱정되는 아이를 위한 특별메뉴. 닭가슴살이 넣어 지방은 적고 단백질은 풍부해서 다이어트 메뉴로 제격이다. 영양은 풍부하고 살은 찌지 않는 성장기 아이들을 위한 색다른 샌드위치.

이렇게 준비하세요 **1인분**

닭가슴살 20g, 올리브오일 0.5g, 아몬드 3g, 건포도 2g, 마요네즈 2g, 식빵 40g, 카레가루 0.5g, 레몬주스 2g, 바질 약간, 소금 적당량, 후춧가루 적당량

이렇게 만들어보세요

1 닭가슴살에 소금, 후춧가루로 간을 하고 기름 두른 팬에서 굽는다[a].

2 구워 낸 닭가슴살을 다져서 볼에 담는다[b].

3 올리브오일, 카레가루, 레몬주스, 건포도, 아몬드, 마요네즈를 2 에 넣고 소금, 후추로 간을 하여 잘 섞는다[c].

4 바삭하게 구워 낸 식빵에 치킨 샐러드를 얹은 후 남은 식빵으로 덮고, 사방을 잘라낸 후 먹기 좋은 크기로 자른다[d].

Tip 치킨 샐러드에 수분이 생기지 않게 조심해야 샌드위치가 눅눅해 지지 않는다.

영양소 함량 **194** kcal

탄수화물 23.3 g
단백질 8.8 g
지방 7.4 g
나트륨 77 mg

차가운 당근수프

당근에 있는 베타카로틴은
몸 안에서 비타민 A로 전환되어
야맹증을 막아주는 효과가 있어
눈을 많이 사용하는 청소년들에게
꼭 필요한 식품이다.

이렇게 준비하세요 **2인분**

당근 80g, 버터 2g, 다진 양파 10g,
다진 생강 1g, 다진 마늘 2g,
닭육수 50g, 오렌지주스 20g, 생크림 5g,
당근주스 30g, 소금 · 후춧가루 적당량씩

영양소 함량 **84 kcal**

탄수화물　13.2 g
단백질　2.3 g
지방　3.3 g
나트륨　57 mg

이렇게 만들어보세요

1 버터를 녹인 냄비에 양파, 생강, 마늘 다진 것을 넣고 양파가 반투명해 질 때까지 볶아준다[a].

2 여기에 얇게 썬 당근을 넣고 볶은 후 채소육수, 오렌지주스를 넣고 당근이 익을 때까지 끓인다[b].

3 믹서에 2를 넣고 갈아준 후 차갑게 한다[c].

4 제공하기 전에 생크림을 넣어 섞어주고, 당근주스를 넣고, 소금과 후춧가루로 간을 하여 차가운 볼에 담아 제공한다[d].

Tip 채소육수는 양파, 당근, 샐러리, 무 등의 채소와 월계수잎, 타임 등을 넣어 끓여낸다.

a　　b　　c　　d

영양소 함량 122 kcal
탄수화물 6.7 g
단백질 16.3 g
지방 3.5 g
나트륨 338 mg

해산물이 곁들여진 매콤한 토마토 스튜

홍합에는 각종 비타민과 칼슘, 인, 철분, 단백질이 풍부하게 들어 있고 체력을 증진시키는 효과가 있어
성장기 어린이나 노약자의 영양식으로 손색이 없다. 토마토와 각종 해산물이 조화를 이루어
맛과 향이 풍부한 스튜로 특별한 저녁을 차려 보자.

이렇게 준비하세요 **1인분**

조개 40g, 홍합 40g, 새우 30g, 고춧가루 2g,
올리브오일 2g, 다진 마늘 3g,
월계수잎 0.2g, 토마토홀캔 80g, 바질 2g,
토스트한 빵 약간

이렇게 만들어보세요

1 조개를 깨끗하게 씻어 소금물에 해감을 하고, 홍합도 깨끗하게 씻어 놓는다.

2 새우는 껍질을 벗기고 내장을 제거한 후 나비 모양으로 가운데 칼집을 넣어
준비한다.

3 기름 두른 팬에 마늘, 월계수잎, 고춧가루를 넣고 볶는다. 여기에 토마토홀의
토마토+주스을 넣어 조리한다[a].

4 조개를 넣고 뚜껑을 덮어 조리한다[b].

5 여기에 다시 홍합을 넣고 다시 한번 뚜껑을 덮어 조리한다[c].

6 마지막으로 새우를 넣어 익히고, 그릇에 담기 전에 바질을 넣는다[d].

7 월계수잎을 제거하고, 스프볼에 담고 토스트한 빵을 곁들여 낸다.

Tip

월계수잎을 너무 오래 넣고 끓이게
되면 쓴맛이 남게 되므로 적당한
때 제거해 준다.

233

영양소 함량 155.2 kcal
탄수화물   10.1 g
단백질   7.8 g
지방   9.1 g
나트륨   207 mg

고등어강정

생선을 싫어하는 아이도 맛있게 먹을 수 있는 매콤달콤한 특별 간식. 고등어에는 단백질, 지방, 칼슘, 인 등의 영양소가 풍부하다. 생선에만 들어 있는 특수한 영양소인 EPA와 DHA가 많이 함유되어 있다. 이 영양소들은 뇌의 활동을 활발하게 함으로 청소년들에게 꼭 필요한 영양소이다.

🎚️ 이렇게 준비하세요 **1인분**

고등어 35g, 전분 5g, 땅콩 1g, 튀김기름 5g
고등어 밑 양념 생강즙 1g, 청주 2g,
소금 적당량, 후춧가루 적당량
조림장 간장 1g, 고추장 3g, 토마토케첩 3g,
설탕 1g, 물엿 3g, 물 5g

🍲 이렇게 만들어보세요

1 고등어는 머리를 자른 후 내장을 빼고 잘 씻어 물기를 제거하고 살로 포를 떠서[a] 한 입 크기로 자른 뒤 청주, 생강즙, 소금, 후춧가루를 뿌려 밑간을 한다[b].

2 고등어에 양념이 배이면 전분을 앞, 뒤로 묻혀 170℃ 튀김 기름에 2번 바삭하게 튀긴다[c].

3 땅콩은 껍질을 벗기고 비닐봉지에 담아서 밀대로 찧어 굵게 다진다.

4 냄비에 간장과 토마토케첩, 고추장, 설탕, 물엿을 분량대로 담고 끓여서 조림장을 만들어 조림장이 반으로 졸아들면 튀긴 고등어와 땅콩을 넣고 살살 뒤집어가며 윤기나게 버무려 준다[d].

Tip
꽁치, 삼치 등의 다양한 등푸른 생선을 사용할 수 있다.

영양소 함량 109 kcal
탄수화물   10.1 g
단백질   10.3 g
지방   2.9 g
나트륨   317 mg

꽃게볶음

꽃게는 뼈를 튼튼하게 하고 노화를 방지하며 혈압과 콜레스테롤을 저하시킨다.
꽃게볶음은 꽃게에 밑 간을 한 후 쪄내어 매콤한 양념장에 볶은 메뉴. 따뜻한 밥과 한끼 식사로 안성맞춤이다.

이렇게 준비하세요 **1인분**

꽃게 70g, 청주 2g, 전분 3g, 실파 5g,
참기름 2g, 건 고추 3g, 다진 마늘 3g,
다진 생강 2g, 소금 적당량, 후춧가루 적당량
양념장 간장 2g, 청주 2g, 설탕 3g, 물 3g

a   b   c   d

이렇게 만들어보세요

1 게는 솔을 이용하여 깨끗이 씻어 물기를 뺀 후 등딱지를 떼고 ^a 먹기 좋은 크
기로 토막 내어 소금, 후춧가루, 청주로 밑간을 해둔다 ^b.

2 간이 배인 게는 전분을 묻혀 찜통에 찐다 ^c.

3 마늘, 생강은 얇게 편으로 썰고, 실파는 3cm 길이, 건 고추는 어슷하게 썬다.

4 팬에 기름을 두르고 마늘, 생강, 건 고추를 넣어 볶다가 매콤한 향이 나면 양
념장을 넣고 살짝 볶으면서 찐 게를 넣어 맛이 배이도록 뒤적이며 볶는다 ^d.

5 마지막에 실파를 넣고 참기름으로 향을 낸다.

영양소 함량 71 kcal
탄수화물   6.3g
단백질   6.0g
지방   3.0g
나트륨   223mg

연두부무순냉국

무순은 해독작용과 소염작용을 해서 목에 염증이 생겼을 때 먹으면 염증을 가라앉힌다.
또 칼슘 성분이 많이 함유되어 있어 성장기 아이나 뼈가 약한 사람에게 좋다.
더운 여름철 식욕이 없을 때 육수에 연두부를 넣은 시원한 냉국으로 입맛을 살려 보자.

이렇게 준비하세요 1인분

연두부 75g, 무순 10g, 대파 5g, 청고추 3g,
홍고추 3g, 쑥갓 2g, 통깨 1g, 소금 적당량
냉국 국물재료 다시마 육수 90g, 간장 4g,
맛술 2g, 식초 2g, 설탕 3g

이렇게 만들어보세요

1 무순을 잡티를 제거한 후 물에 흔들어 씻어 물기를 턴다.

2 연두부는 옅은 소금물에 모양이 흐트러지지 않도록 흔들어 씻어 물기를 뺀다[a].

3 다시마 육수에 분량의 재료를 섞어 냉국 국물을 만든 후 냉장고에 넣어 차갑게 만든다[b].

4 청·홍고추, 대파는 2cm길이로 곱게 채를 썬다[c].

5 냉국 그릇에 2의 연두부를 담고 무순, 대파 채, 청·홍고추를 가지런히 올린다[d].

6 5의 연두부에 차게 준비한 냉국 국물을 붓고 쑥갓을 얹고 통깨를 뿌려 놓는다.

> **Tip**
> 연두부는 아이스크림 국자로 동그랗고 예쁘게 모양을 내는 것이 보기에 좋다.

영양소 함량 76 kcal
탄수화물 16.3 g
단백질 1.3 g
지방 1.1 g
나트륨 151 mg

가지볶음

가지를 잘 먹지 않는 아이들이 많지만 가지는 지방질을 흡수하고 피를 맑게 하는 꼭 필요한 식품이다.
또 식품 중에서 가장 강력한 암 억제효과를 가지고 있으며 혈액 속의 콜레스테롤 양을 저하시키는 작용을 한다.
가지를 춘장과 양념으로 조리하고 토마토를 함께 넣어 싫어하는 아이들도 맛있게 먹을 수 있다.

이렇게 준비하세요 2인분

가지 45g, 피망 15g, 토마토 15g, 간장 1g,
식용유 1g, 춘장 3g, 설탕 3g, 물전분 10g,
파 5g, 다진 생강 1g, 다진 마늘 1g,
소금 적당량

이렇게 만들어보세요

1 가지는 2cm정도로 정육각형으로 썬다.

2 피망은 씨를 제거하고 사각형으로 썬다.

3 토마토는 깨끗하게 씻은 뒤 정육각형으로 썬다.

4 가지를 기름에 노릇하게 볶는다[a].

5 기름을 두른 팬에 파, 생강, 마늘, 춘장을 넣고 볶은 후 향이 나면 물을 부어준
다[b]. 여기에 간장, 설탕, 소금, 볶은 가지를 넣고 끓인다[c].

6 피망, 토마토를 넣고 더 끓여주다가 물전분을 넣어 농도를 맞춘다[d].

팽이버섯채소볶음

팽이버섯에는 각종 아미노산과 비타민이 많이 함유되어 있어 면역력을 높이며 암과 성인병 예방에 효과가 탁월하다. 팽이버섯과 청경채를 볶은 채소볶음으로 우리 아이 건강을 챙기자.

이렇게 준비하세요 2인분

팽이버섯 70g, 청경채 50g, 참기름 2g,
식용유 2g, 물전분 6g, 소금 적당량

이렇게 만들어보세요

1 팽이버섯은 밑동을 제거하고 4cm길이로 자르고, 청경채는 겉잎을 뗀 후
  속만 반으로 나눠 사용한다.
2 썰어 놓은 청경채는 팽이버섯과 같은 길이로 잘라 함께 끓는 물에 데친다[a].
3 기름을 두른 팬에 팽이버섯과 청경채를 볶은 후[b], 물전분으로 농도를 맞
  추고[c] 소금으로 간을 하여 참기름을 뿌려 완성한다[d].

영양소 함량 83 kcal

탄수화물　10.9 g
단백질　2.6 g
지방　4.4 g
나트륨　14 mg

태국식 불고기 샐러드

애호박은 비타민 A와 C가 풍부하
여 소화흡수가 잘 되는 식품이다.
애호박과 다양한 채소를 밥 위에
얹고 불고기도 더하여 맛있고
건강한 샐러드를 만들어 보자.

이렇게 준비하세요 **1인분**

쇠고기 30g, 애호박 20g, 토마토 25g,
가지 15g, 양파 8g, 새송이버섯 15g,
그린샐러드 적당량
불고기 드레싱 풋고추 3g, 홍고추 3g, 마늘 1g,
고춧가루 1g, 레몬주스 3g, 타바스코 1g
카레오일 올리브오일 1g, 로즈마리 1g,
민트 1g, 카레가루2g

영양소 함량 **89** kcal

탄수화물   8.8 g
단백질   8.3 g
지방   3.1 g
나트륨   242 mg

이렇게 만들어보세요

1 쇠고기는 불고기용으로 손질하여 소금, 후춧가루로 밑간을 해둔다.
2 애호박, 토마토, 가지, 양파, 새송이버섯을 채 썰어 볶아서 준비해 두고[a],
   밑간해 둔 고기도 구워서 준비해 둔다[b].
3 접시에 밥을 깔고 그 위에 그린샐러드를 올리고[c], 카레오일을 뿌린 후 익
   혀놓은 고기를 올린 후 볶아놓은 채소들을 올린다[d].
4 마지막으로 드레싱을 뿌려 완성한다.

과일샐러드 토르티야

토르티야에 동맥경화를 예방해주는
자몽과 감기예방에 뛰어난 키위를
넣은 새로운 형태의 엄마표 영양간식.
맛과 건강을 모두 챙기는,
아이들이 모두 좋아한다.

이렇게 준비하세요 2인분

자몽 30g, 오렌지 30g, 키위 30g, 사과 30g,
플레인 요구르트 30g, 꿀 5g, 또띠아 45g

이렇게 만들어보세요

1 자몽, 오렌지, 키위, 사과를 0.5cm 정육각형으로 썬다[a, b].

2 썰어 둔 과일에 플레인 요구르트, 꿀을 넣어 버무린다[c].

3 토르티야를 반으로 자른 후 버무린 과일을 넣어 말아준다[d].

Tip 수분이 적은 과일을 이용하고 오렌지의 경우 표피를 제거하고 사용하는 것
이 좋다.

영양소 함량 277 kcal

탄수화물	58.1 g
단백질	5.5 g
지방	3.5 g
나트륨	84 mg

a b c

다시마칩

다시마에는 알긴산 섬유질이
들어 있어 피부의 노화를 억제하고
변비에 효과가 있다. 또한 성장기
어린이의 골격형성에도 도움을 준다.
다시마를 오븐에 바삭하게 구워
참깨나 오트밀을 묻힌 건강 간식이다.

이렇게 준비하세요 2인분

다시마 25g, 꿀 7g, 참깨 4g, 오트밀 4g

영양소 함량 61 kcal

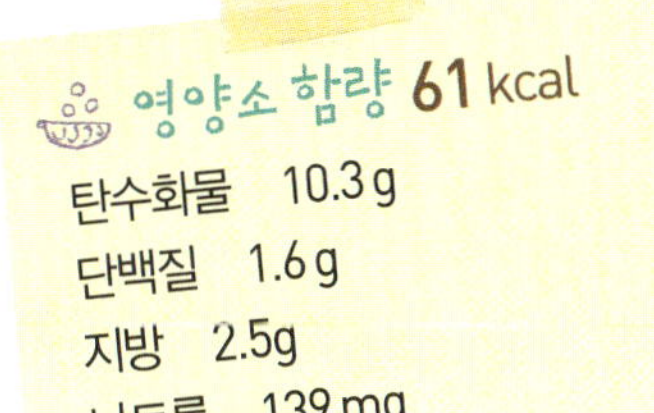

탄수화물　10.3 g
단백질　1.6 g
지방　2.5 g
나트륨　139 mg

이렇게 만들어보세요

1 다시마를 젖은 행주로 깨끗하게 닦아내고 4x5cm 크기로 자른다 [a]

2 자른 다시마를 파이 팬에 올려 오븐에서 굽는다 [b]

3 구운 다시마에 꿀을 묻힌 후 [c], 참깨나 오트밀을 묻힌다 [d]

Tip 오븐에서 굽는 것이 적당하지 않으면 기름에 튀기는 것도 가능하다.

a　　b　　c　　d

영양소 함량 185 kcal
탄수화물   31.2 g
단백질   4.3 g
지방   4.7 g
나트륨   131 mg

녹차 스콘

스콘은 티타임 때 홍차와 함께 먹는 것으로 유명한 빵이다. 스콘에 각종 성인병을 예방하고 비만을 방지하는 녹차를 넣어 더욱 건강하게 만들었다. 통통한 스콘과 홍차를 먹으며 아이와 휴식시간을 가져 보자.

이렇게 준비하세요 2인분

박력분 30g, 베이킹파우더 1g, 버터 5g,
설탕 5g, 우유 15g, 녹차가루 4g, 소금 적당량

이렇게 만들어보세요

1 녹차가루, 박력분과 베이킹파우더를 체에 내린 후 냉장고에 넣어 차갑게 만든다.

2 버터도 잘게 잘라 냉장고에 넣어둔다.

3 차가워진 밀가루에 설탕을 섞는다.

4 냉장고에서 버터를 꺼내 스크래퍼로 잘게 고루 섞는다[a].

5 잘 섞어지면 차가운 우유를 넣어 한 덩어리로 만든 뒤 냉장고에 넣어 휴지 시킨다[b].

6 반죽을 꺼내 2mm 두께로 밀어[c] 모양 틀로 찍어낸 다음 170℃로 예열한 오븐에 넣어 20분 정도 굽는다[d].

7 오븐에서 꺼내 식히고 잼을 곁들인다.

브로콜리쇠고기볶음

아이들은 브로콜리를 생으로는
잘 먹지 못하지만 쇠고기와 함께
볶아 반찬으로 주면 잘 먹는다.
고기와 채소를 함께 먹을 수 있는
일석이조 특별 반찬.

이렇게 준비하세요 2인분

브로콜리 70g, 쇠고기안심 30g, 물전분 6g,
당근 10g, 다진 마늘 3g, 간장 3g, 생강 3g,
설탕 3g, 식물성기름 2g, 소금 적당량

이렇게 만들어보세요

1 소금물에 담갔다가 씻은 브로콜리를 작은 송이로 자른 후 기름, 소금을 넣어 데친 후 찬물에 헹군다[a].

2 생강과 당근, 마늘, 쇠고기는 얇게 슬라이스 한다.

3 쇠고기는 간장과 설탕으로 밑간을 해서 10분 정도 재웠다가 기름에 데친다[b].

4 마늘, 생강, 당근, 익혀둔 쇠고기를 팬에 넣고 준비해 놓은 브로콜리를 넣어 볶는다[c].

5 물 전분을 이용해 소스의 농도를 맞춘다[d].

Tip 기름에 데치는 방법은 차가운 기름부터 넣어 온도를 올리는 것으로 조직감이 부드러워 진다.

영양소 함량 **124 kcal**

탄수화물	13.9 g
단백질	10.2 g
지방	4.1 g
나트륨	300 mg

a b c d

건강마늘꿀환

마늘은 암예방과 노화방지에 큰
효과가 있지만 대부분의 아이들이
싫어한다. 마늘을 익혀 독특한
냄새를 제거하여 꿀과 섞으면
누구나 좋아하는 후식이 된다.

이렇게 준비하세요 3인분

마늘 50g, 잣 2g, 꿀 10g, 검은깨 5g,
카스텔라 가루 10g

영양소 함량 167 kcal

탄수화물	29.5 g
단백질	4.8 g
지방	4.9 g
나트륨	13 mg

이렇게 만들어 보세요

1 마늘은 꼭지를 떼고 찜통에 무르도록 쪄낸다[a].

2 쪄 낸 마늘을 손절구에 곱게 으깬다[b].

3 잣은 고깔을 떼고 깨끗하게 겉은 닦아낸 후 가루를 만든다.

4 1에 꿀, 검은깨, 잣가루를 넣고 잘 혼합한다[c].

5 4에 카스텔라 가루를 넣어 농도를 맞춘 후 조금 씩 떼어 동그랗게 빚는다[d].

6 완성된 꿀 환은 냉장고에 넣어 두었다가 하나씩 꺼내어 이용한다.

영양소 함량 150 kcal
탄수화물   32.7 g
단백질   3.9 g
지방   1.1 g
나트륨   8 mg

고구마쑥단자

쑥에는 비타민 C가 많아 감기의 예방과 치료에 좋은 역할을 한다. 특히 쑥은 비타민 A가 있어
눈을 밝게 하기 때문에 눈을 많이 쓰는 청소년에게는 꼭 필요한 식품이다.
쑥떡에 고구마 소를 넣어 배도 든든하고 영양도 가득한 간식을 만들어 보자.

이렇게 준비하세요 **2인분**

고구마 40g, 꿀 5g, 계피가루 1g,
찹쌀가루 15g, 쑥가루 4g, 콩가루 5g, 물 10g,
소금 적당량

이렇게 만들어보세요

1 고구마는 껍질을 벗기고 썰어 삶는다.

2 고구마가 다 익으면 냄비에 물을 따라버리고 수분이 없어질 때 까지 가열한다.

3 고구마가 뜨거울 때 곱게 으깬 후 꿀, 계피가루를 넣어 잘 섞는다[a].

4 찹쌀가루와 쑥가루를 합하여 소금과 물을 넣고 잘 비빈 다음 체에 내린다.

5 찜통에 면보를 깔고 15분간 마른가루가 없도록 찐 후[b] 손절구에 넣고 방망이
로 차지게 찧는다.

6 도마 위에 물을 바르고 쑥떡을 밀대로 편 다음 3을 넣어 말아준다[c].

7 한 입 크기로 썬 다음 꿀을 바르고 콩가루를 묻힌다[d].

영양소 함량 177 kcal
탄수화물 35.2 g
단백질 3.8 g
지방 2.8 g
나트륨 3 mg

녹차약밥

약밥은 찹쌀에 여러 가지 견과류를 넣은 한국 고유의 음식이다. 고단백 은행과 밤을 녹차가루에 버무린 웰빙 약밥. 따뜻한 차와 함께 먹으며 아이와 한국 전통의 맛을 느껴 보자.

이렇게 준비하세요 **2인분**

찹쌀 25g, 밤 5g, 건대추 2g, 잣 1g, 호두 1g, 은행 3g, 설탕 7g, 녹차가루 3g, 참기름 1g, 꿀 2g, 소금 적당량

a
b
c
d

이렇게 만들어보세요

1 찹쌀을 깨끗하게 씻어 5~6시간 이상 불린 후 물기를 빼고 김이 오른 찜통에 면보를 깔고 40분가량 푹 찐다. 밥이 거의 되어갈 때쯤 물 뿌리기를 1~2회 해 준다[a].

2 밤은 껍질을 벗기고 반으로 갈라 설탕물에 조린다.

3 대추는 돌려 깎아 씨를 빼고 3~4등분하여 설탕과 꿀물에 버무려놓는다.

4 은행을 팬에 식용유를 두르고 볶아 속껍질을 제거한다.

5 호두는 미지근한 물에 불렸다가 속껍질을 제거하고 2등분 한다.

6 넓은 그릇에 녹차가루와 물, 설탕을 넣고 완전히 녹인 후[b] 쪄 놓은 찹쌀밥과 조린 밤, 버무려 놓은 대추, 호두를 넣고 소금과 참기름을 넣어 고루 섞는다[c].

7 찜통에 면보를 깔고 버무려 놓은 밥을 담아 1시간 정도 찐다[d].

8 약밥이 다 쪄지면 은행과 잣을 넣어 섞은 뒤 모양 틀에 담거나 쟁반에 반듯하게 담았다가 모양 틀로 찍어낸다.

수박화채

수박화채에 경단을 넣어 맛도 모양도 멋진 여름철 간식. 수박은 신경을 안정시키고 해열 및 해동 효과가 있어서 여름철에 일사병이나 더위를 먹었을 때 먹으면 좋다.

이렇게 준비하세요 2인분

찹쌀가루 12g, 물 8g, 수박 180g, 팥 5g, 설탕 5g

이렇게 만들어보세요

1 찹쌀가루에 뜨거운 물을 넣어 익반죽을 한다ᵃ.
2 동그랗게 빚어 끓는 물에 삶은 후 차게 식힌다ᵇ.
3 수박은 씨를 제거한 후 곱게 갈아 차게 식힌다ᶜ.
4 그릇에 갈은 수박을 담고 경단을 넣는다. 기호에 따라 팥을 삶아 설탕에 졸여 넣을 수도 있다ᵈ.

Tip 수박은 모양틀을 이용하여 예쁜 모양으로 만들어 보자.

영양소 함량 126 kcal

탄수화물 28.3g
단백질 3.4g
지방 0.7g
나트륨 2mg

a   b   c   d

우유 생강차

생강은 소화를 촉진시키고 감기예
방에 효과가 있는 건강식품이다.
추운 계절에 따뜻한 우유 생강차
한잔이면 월동 준비 끝.

이렇게 준비하세요 **1인분**

우유 180g, 생강 10g, 꿀 6g, 깨소금 3g,
계피가루 1g

영양소 함량 **108 kcal**

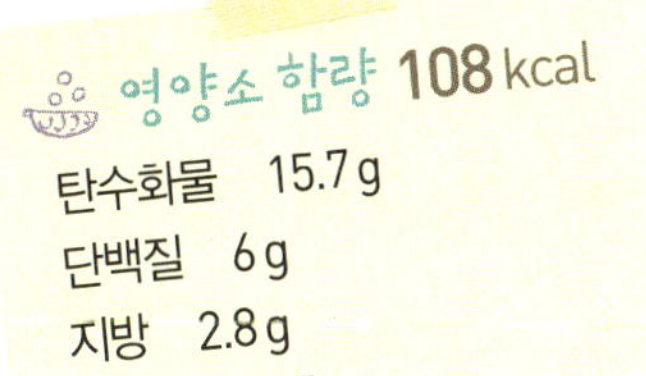

탄수화물　15.7 g
단백질　6 g
지방　2.8 g
나트륨　185 mg

이렇게 만들어보세요

1 생강을 강판에 곱게 간다[a].

2 우유와 생강을 냄비에 넣어 가장자리가 보글보글 끓을 때 불에서 내린다[b].

3 믹서에 2를 붓고 깨소금, 꿀을 넣어 갈아준다[c].

4 컵에 우유 생강차를 붓고 계피가루를 살짝 뿌린다[d].

Tip 생강향이 너무 많이 나면 쓰게 느껴지므로 적당량으로 제한한다.

아이를 사로잡는
151가지
안심 밥상

자료제공	식품의약품안전청
감수위원장	김명철
감수위원	박혜경, 김종욱, 이은주, 이혜영, 남혜선
메뉴개발팀	정혜정(우송대학교)

1쇄 발행	2008년 11월 20일
2쇄 발행	2009년 3월 20일

펴낸이	류제동
펴낸곳	파프리카
기획	김재광
편집 · 교정	여지영, 김민영
디자인	All Design
요리사진	김장곤
제작	김선형
마케팅	송기윤
주소	경기도 파주시 교하읍 문발리 출판문화산업단지 536-2
전화	031-955-6111(대표)
팩스	031-955-0955
등록	1960년 10월 28일 제406-2006-000035호
문의	031-955-0960
홈페이지	www.paprikabook.co.kr

ⓒ 파프리카 2008
ISBN 978-89-363-0956-5 13590

※ 파프리카는 (주)교문사의 여성 · 실용 전문 브랜드입니다.
※ 잘못된 책은 서점에서 바꾸어 드립니다.